5合1

Word
Excel
PPT
PS
移动办公
Office

完全自学视频教程

全彩版

许东平◎著

U0254780

四川科学技术出版社

图书在版编目（CIP）数据

Word+Excel+PPT+PS+移动办公 Office 5 合 1 完全自学
视频教程：全彩版 / 许东平著 . -- 成都：四川科学技
术出版社 , 2023.7
ISBN 978-7-5727-1066-7

Ⅰ . ①W… Ⅱ . ①许… Ⅲ . ①办公自动化 – 应用软件
– 教材 Ⅳ . ①TP317.1

中国国家版本馆 CIP 数据核字（2023）第 140275 号

Word+Excel+PPT+PS+移动办公 Office 5合1 完全自学视频教程（全彩版）

WORD+EXCEL+PPT+PS+YIDONG BANGONG OFFICE 5 HE 1
WANQUAN ZIXUE SHIPIN JIAOCHENG（QUANCAI BAN）

著　　者	许东平
出 品 人	程佳月
责任编辑	方　凯
助理编辑	魏晓涵
封面设计	海阔文化
责任出版	欧晓春
出版发行	四川科学技术出版社

地址：成都市锦江区三色路 238 号
邮政编码：610023
官方微博：http://weibo.com/sckjcbs
官方微信公众号：sckjcbs
传真：028-86361756

成品尺寸	170 mm × 240 mm
印　　张	15
字　　数	300千
印　　刷	三河市祥达印刷包装有限公司
版　　次	2023 年 7 月第 1 版
印　　次	2023 年 9 月第 1 次印刷
定　　价	68.00 元

ISBN 978-7-5727-1066-7

邮　　购：成都市锦江区三色路 238 号新华之星 A 座 25 层
邮政编码：610023
电　　话：028-86361770

前　言
Preface

在当今社会中，无论你的身份是学生，还是办公室文员、设计师、财会人员、企业高级管理人员，都需要具备一定的商务办公能力。熟练地掌握 Microsoft Office 办公软件以及 Photoshop 图像处理软件，可以有效提高我们的办公效率。现在我们来简单了解一下 Microsoft Office 软件和 Photoshop 软件的来历。

Microsoft Office 是由 Microsoft（微软）公司开发的一套办公软件套装。常用组件有 Word、Excel、PowerPoint 等。

Word 是微软公司开发的一个文字处理器应用程序，是 Office 软件的主要程序之一。Word 提供了强大的文字编辑能力，并且还有一定的格式化操作和图片处理功能。熟练地应用 Word 可以使文本显得更加美观、有吸引力。

Excel 是微软公司开发的电子数据表处理程序，拥有强大的电子工作簿处理能力，同时可以对数据进行整理、计算、分析等。用户在 Excel 中将数据生成可视化的数据模型，可以更加直观地观察数据的变化与特点。Excel 的应用可以普及到账单、报表、日历与计划等领域。

PowerPoint 是微软公司开发的演示文稿软件，简称为"PPT"。用户可以将处理过的数据与内容通过投影仪或计算机播放出来。另外，PPT 还可以根据不同场景进行特殊化处理，比如进行互联网远程会议等。

Photoshop 是 Adobe Systems 开发的最为出名的图像处理软件之一，简称为"PS"。PS 软件被广泛应用于广告、摄影、平面设计、绘画、建筑效果等图形处理领域。熟练使用 PS 软件不但可以解决很多生活中的图片处理问题，还可以解决很多工作当中的创意设计、文字设计、网页制作等问题。

本书分别从 Word、Excel、PPT、PS 和移动办公五个部分入手，以基础使用手册配合实际案例操作的方法提高我们的商务办公能力，最终提高我们的办公效率。

本书所用的 Word、Excel、PPT 均为 Office 365 版本。Photoshop 使用的是 Adobe Photoshop CC 2019 版本。

目　录
Contents

Part 1
Word 办公应用技巧

第1章

Word 的基本功能与应用

1.1 Word 基础功能区认知

本节我们来了解一下 Word 的工作界面，如图 1.1.1 所示。

图 1.1.1

我们可以看到 Word 的工作界面包括：

快速访问工具栏

标题栏（文档名）

搜索栏

功能区

横向标尺

竖向标尺

文档编辑区

状态栏

视图栏

1.1.1　快速访问工具栏

Word 中的快速访问工具栏可以根据自己的喜好进行自定义。如图 1.1.2，选择快速访问工具栏后的下角标识，然后勾选需要的功能进入快速访问工具栏中，也可以将快速访问工具栏放在功能区下方显示。

图 1.1.2

1.1.2　功能区

Word 中的功能区有三个基本控件，分别为选项卡、命令组以及命令，如图 1.1.3。

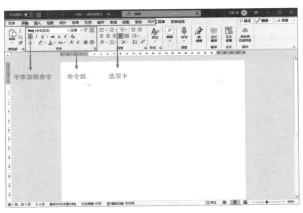

图 1.1.3

1.1.3　文档编辑区

文档编辑区就是 Word 中工作界面的空白区域，用于文字的编辑和修改、图表的插入与美化、图形以及图像的设计等，如图 1.1.4。

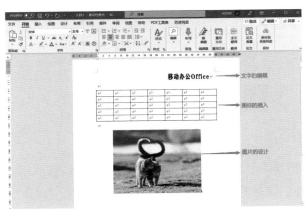

图 1.1.4

1.1.4　状态栏

状态栏用于显示文档现有的信息，我们可以通过在状态栏上点击鼠标右键设置需要显示的信息，如图 1.1.5。

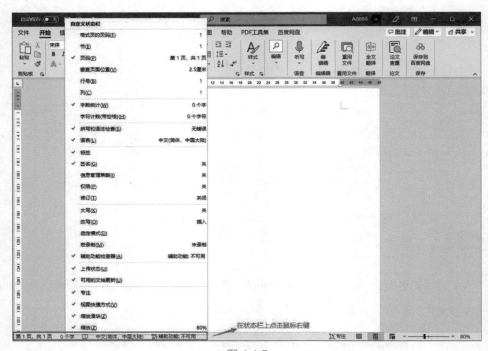

图 1.1.5

1.2　文本的编辑与录入

Word 中文本的编辑与录入是非常方便的。Word 打开后可以看到在文档编辑区有光标在不停地闪烁，闪烁的位置就是文本的起始编辑位置，如图 1.2.1。

图 1.2.1

文本的编辑分为字体的设置与段落的设置，我们也可以直接设置文本的样式，如图 1.2.2。

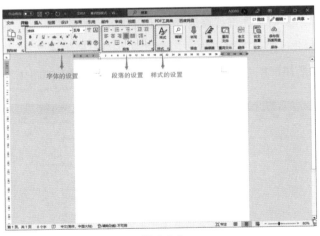

图 1.2.2

1.2.1　字体的设置

我们可以在字体命令组中，对文字进行字体、字号、颜色、加粗、倾斜等属性的设置，也可以在字体命令组右下角的拓展栏中打开"字体"选项卡进行设置，如图 1.2.3。

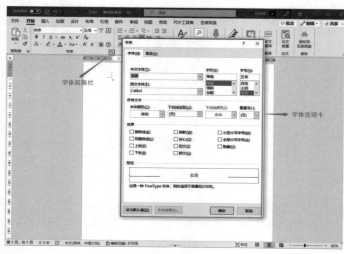

图 1.2.3

1.2.2　段落的设置

　　一篇文本除了要对字体进行修改外，还需要进行段落的设置。在段落命令组中，我们可以对文本进行段落的对齐方式、缩进量、间距值等属性的设置，也可以在段落命令组右下角的拓展栏中打开"段落"选项卡进行设置，如图 1.2.4。

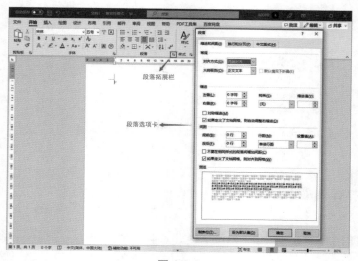

图 1.2.4

1.2.3　样式的设置

Word 中的样式可以根据段落在文本中的等级属性进行直接设置。段落等级包括正文、标题 1、标题 2、副标题、要点、引用等，如图 1.2.5。

图 1.2.5

我们可以对一篇无修饰的文本进行编辑，如图 1.2.6。

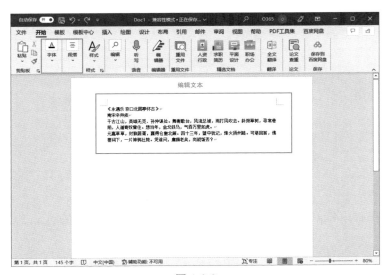

图 1.2.6

全文设置为华文楷体。标题设置为三号字体，字体加粗，段落居中。作者设置为四号字体，字体加粗，段落右对齐。正文设置为四号字体，段落首行缩进，三倍行距。设置完以后的文本效果如图 1.2.7。

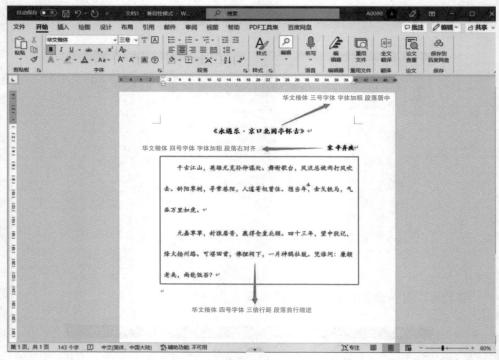

图 1.2.7

1.3 Word 中表格的插入

Word 中常用的表格插入方式有三种，分别为快速插入、数值插入以及绘制表格，如图 1.3.1。

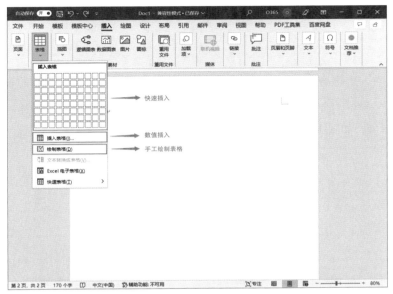

图 1.3.1

1.3.1　快速插入表格

　　快速插入的方式是将鼠标停留在预制表格上，根据需要绘制表格的行数与列数，点击鼠标确认，如图 1.3.2，但是此方式只支持制作"10×8"的表格。

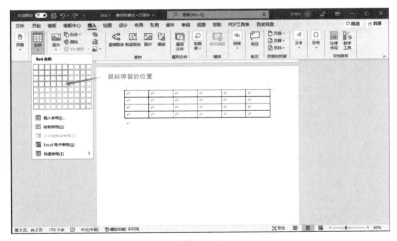

图 1.3.2

1.3.2　数值插入表格

　　快速插入表格有它的局限性，如果我们想绘制更多行数或者列数的表格，可以选择"插入表格"命令，在"插入表格"选项卡中选择需要的行数与列数，然后点击"确认"即可，如图 1.3.3。

图 1.3.3

1.3.3　绘制表格

　　选择绘制表格命令后，鼠标会变成铅笔的形状，在编辑区用鼠标绘制出一个表格区域。松开鼠标后 Word 会自动进入"布局"选项卡，根据需要进行表格的绘制，如图 1.3.4。

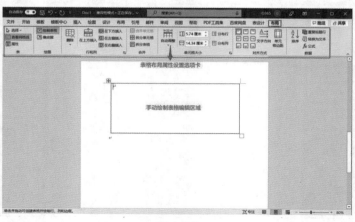

图 1.3.4

在 Word 中可以在表格命令组下选择"快速表格"命令，进入内置表格模板的选择，如图 1.3.5。

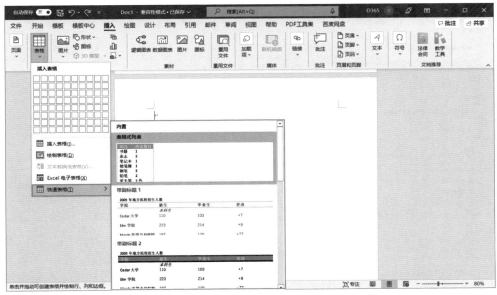

图 1.3.5

1.4　Word 中目录、脚注的引用

如果文档中的标题有明确的等级划分，我们可以为文档设置目录，使文档内容更加清晰明确。

1.4.1　目录的添加

Word 中目录的添加位置在功能区"引用"选项卡中的"目录"命令，如图 1.4.1。

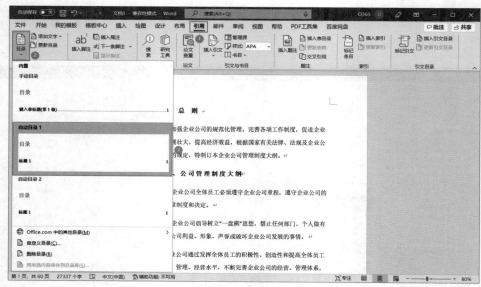

图 1.4.1

在这里需要注意的是，Word 中目录的引用需要提前设置标题样式，否则会被 Word 拒绝操作，如图 1.4.2。

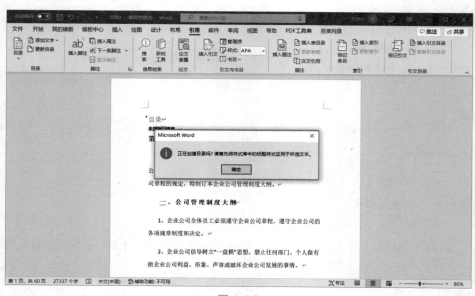

图 1.4.2

这种情况需要在功能区"开始"选项卡中，"样式"命令下设置文档中的标题等级，如图 1.4.3。

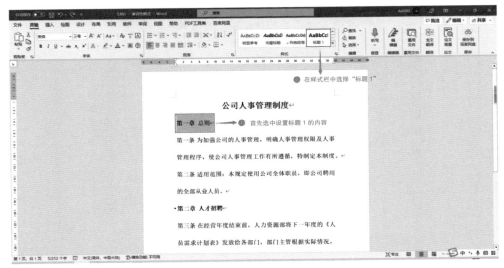

图 1.4.3

设置完标题 1 后，我们就可以设置下一级别的标题 2，如图 1.4.4。

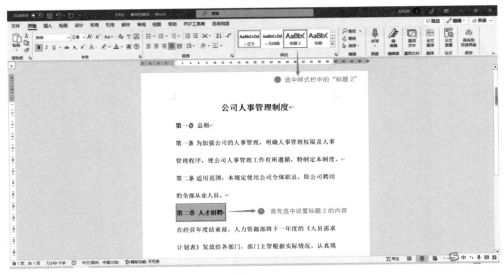

图 1.4.4

将各级标题样式依次设置完毕后，再添加目录，效果如图 1.4.5。

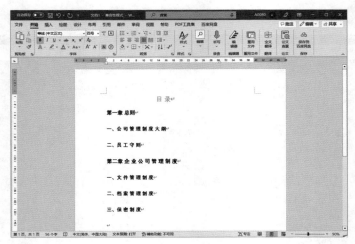

图 1.4.5

1.4.2 脚注的添加

脚注一般位于页面的底部。脚注的作用是对文档中的部分内容进行注释。

我们以一首古诗为例，给诗中的两个人物添加脚注，如图 1.4.6。

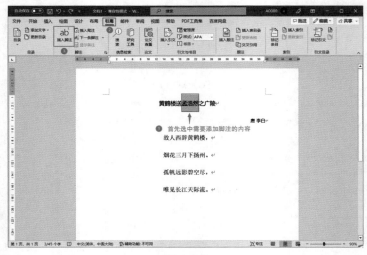

图 1.4.6

　　插入脚注以后，会在文本编辑区底部增加脚注编辑区。脚注的内容编辑完成后，可以调整内容的文字属性，如图 1.4.7。

图 1.4.7

　　脚注的属性也可以修改。在功能栏"引用"选项卡中的"脚注"命令组右下角选择"脚注拓展栏"，在打开的"脚注和尾注"选项卡中，可以对脚注的位置、布局、格式等属性进行修改，如图 1.4.8。

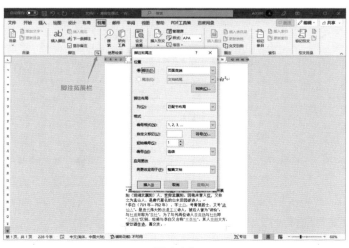

图 1.4.8

1.5　如何批注与修订 Word

办公中的文档经常需要多人审核，审核的过程中可以使用 Word 中的批注和修改功能对文档进行修改。

现在我们以修改一篇文档为例，讲解如何对文档中不合理的部分进行批注和修订。

首先选中需要进行批注的内容，再选中功能区"审阅"选项卡中的"新建批注"命令，如图 1.5.1。

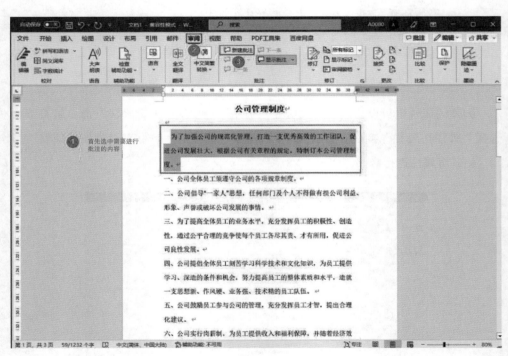

图 1.5.1

在右边新建批注部分增加需要修改的内容，如图 1.5.2。

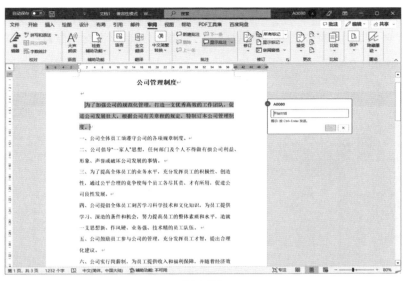

图 1.5.2

批注完成后可以直接进入修订模式对文档进行修改，进入修订模式后文档的内容变化会有痕迹。这些修订内容包括删除、修改与插入。

在功能区"审阅"选项卡中选择"修订"命令进入修订模式，如图 1.5.3。

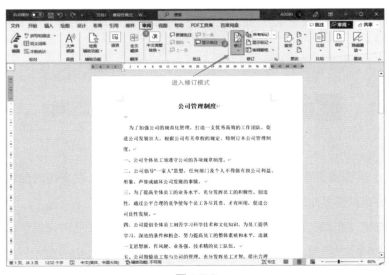

图 1.5.3

进入修订模式后，可直接在文档上对内容进行修改、插入以及删除等操作。我们可以看到不同的操作会留下不同的痕迹，这样会直观地将文档修订的内容信息分享出去，如图 1.5.4。

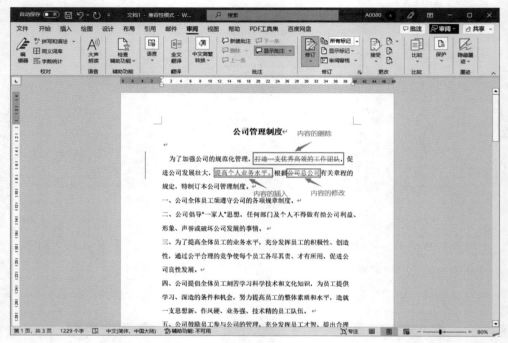

图 1.5.4

1.6　Word 页面的大小与方向

Word 中页面的大小默认为 A4 纸，默认的方向为纵向。在文档的编辑过程中有时会根据需要调整页面的大小与方向。

在功能区"布局"选项卡中选择"纸张方向"命令，便可以完成页面的方向设置，如图 1.6.1。

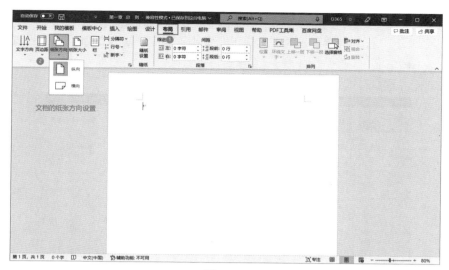

图 1.6.1

"纸张方向"命令右边就是"纸张大小"命令，根据需要设置纸张大小即可，如图 1.6.2。

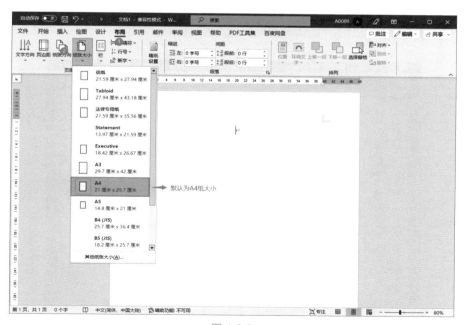

图 1.6.2

除了 Word 自带的纸张大小选项，我们也可以对纸张的大小进行自定义设置。选择"纸张大小"命令组最下方的"其他纸张大小"命令，进入纸张"页面设置"选项卡，如图 1.6.3。

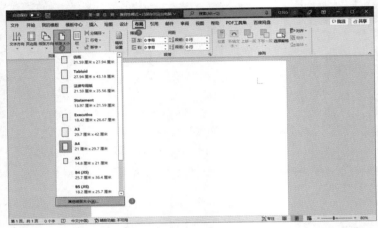

图 1.6.3

在"页面设置"选项卡中，点击纸张设置页面，这样我们就可以直接自定义设置纸张的大小，然后点击"确认"即可，如图 1.6.4。

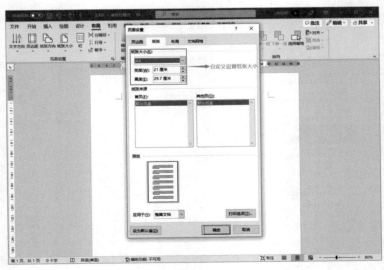

图 1.6.4

1.7　Word 模板的使用

我们可以直接使用 Office 365 提供的众多 Word 模板。这些模板包括素材模板和设计模板。

在功能区"我的模板"中根据需要选择适合的模板属性，如图 1.7.1。

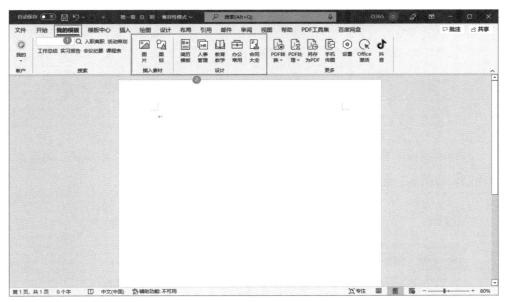

图 1.7.1

模板素材分为五大部分，分别为整套模板、逻辑图表、数据图表、图片 / 背景以及图标。

整套模板包括人事管理、简历模板、教育教学、办公常用以及合同大全等类型的模板，如图 1.7.2。

图 1.7.2

逻辑图表根据关系类型分为鱼骨图、目录式、其他、棱锥式、矩阵式、关系式、层次结构等图表，如图 1.7.3。

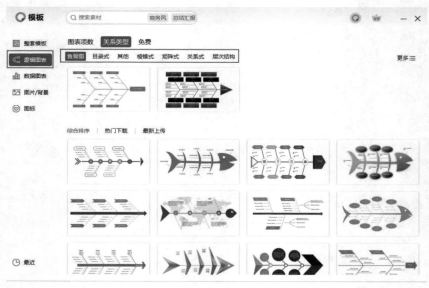

图 1.7.3

数据图表根据图表类型可以分为面积图、折线图、条形图、柱状图、环形图、饼图和其他等图表，如图 1.7.4。

图 1.7.4

图片 / 背景也可以根据不同的需求选择不同种类的背景和插图，如图 1.7.5。

图 1.7.5

也可以根据需求选择不同种类的图标添加到文档中，如图 1.7.6。

图 1.7.6

我们还可以直接在上方搜索需要的素材的关键词进行查找，如图 1.7.7。

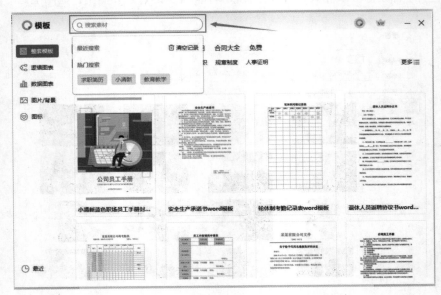

图 1.7.7

1.8　Word 的保存与保护

保存 Word 文档可以选择直接"保存"，也可以选择"另存为"。Office365 版本的 Word 文档还可以直接保存到网盘。

对于重要的文档，我们可以在文档保存以及流通过程中设置保护功能，包括禁止对文档格式和内容进行修改，或者将文档输出为不易修改但利于传播的 PDF 格式。

选择功能区"审阅"选项卡中"保护"命令中的"限制编辑"功能，如图 1.8.1。

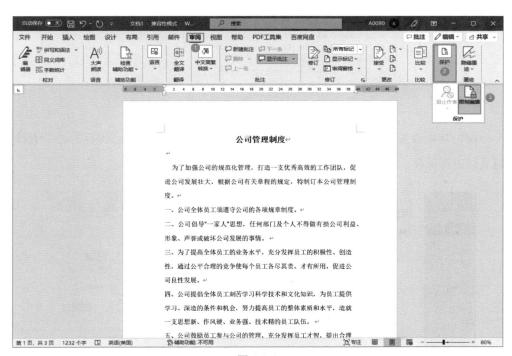

图 1.8.1

在"限制编辑"选项卡中可以选择是否限制格式和内容的编辑，如图 1.8.2。

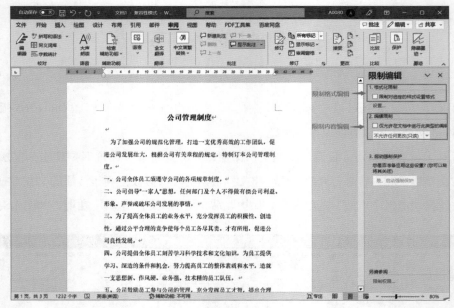

图 1.8.2

保护功能设置完毕后，可以选择功能区"文件"选项卡中的"保存"命令直接对文件进行保存，如图 1.8.3。

图 1.8.3

或者选择"另存为"命令重新设置文档的储存目录和储存格式，如图 1.8.4。

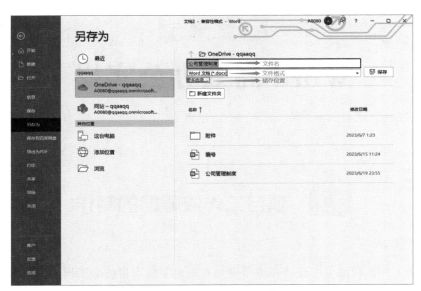

图 1.8.4

也可以选择"导出为 PDF"将文档直接转化为 PDF 格式进行保存，如图 1.8.5。

图 1.8.5

第2章
Word 高效办公实操

2.1 项目工作流程图的制作

项目工作流程图可以让项目成员更加直观地了解项目的全流程，以及需要注意的事项。我们以企业某项目为案例，制作该项目的工作流程图。

在制作时需要给流程图设置一个标题，标题的设置既明确了项目的内容，也让流程图变得更显眼。

首先，我们在功能区"插入"选项卡中选择"文本框"命令组下的"绘制横排文本框"命令，如图 2.1.1。

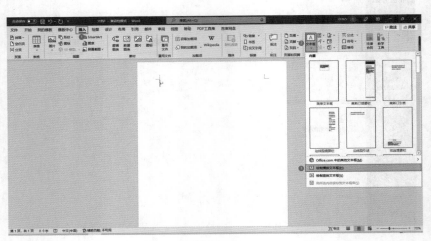

图 2.1.1

此时鼠标变成了"十"字形状，在编辑区选择需要添加标题的区域，鼠标左键按住不放框选出标题区域，如图 2.1.2。

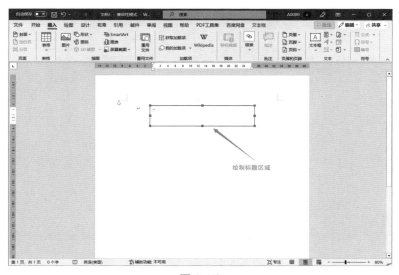

图 2.1.2

在绘制完文本框后，系统会默认进入"文本框"编辑选项卡中，可以自行选择颜色与特效，如图 2.1.3。

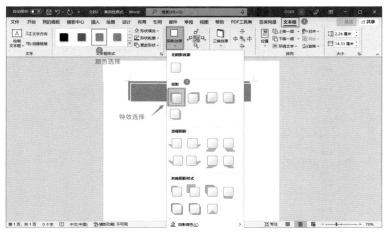

图 2.1.3

　　文本框颜色与特效设置完成后，可以在功能区"开始"选项卡中设置文本字体与段落属性，如图 2.1.4。

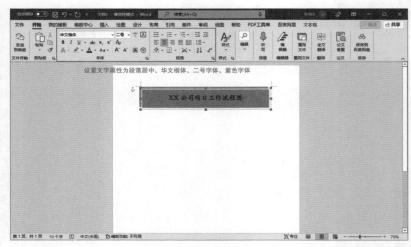

图 2.1.4

　　绘制完标题后继续绘制流程图的单元结构图形，图形的形状可以根据功能的不同而不同。为了保证流程图整体结构的简单明确，尽量将形状控制在 3 种以内。

　　在功能区"插入"选项卡中选择"形状"命令组下的"流程图"部分，如图 2.1.5。

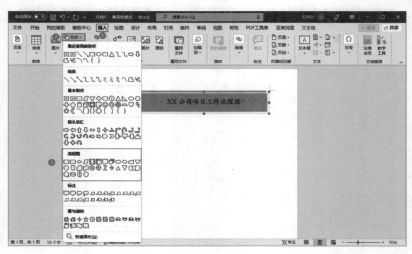

图 2.1.5

根据流程图的需要添加流程图图标，如图 2.1.6。

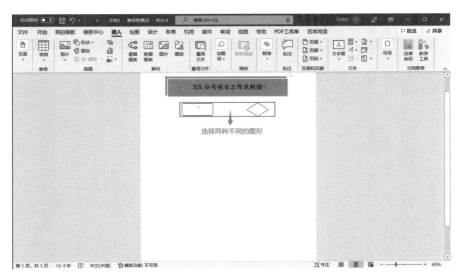

图 2.1.6

添加上流程图图标后，系统会默认进入"形状格式"选项卡，可以设定同标题类型的颜色和特效，如图 2.1.7。

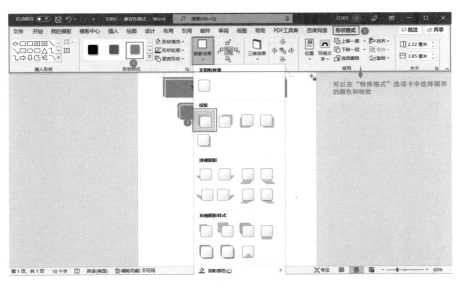

图 2.1.7

　　然后根据项目的流程步骤复制粘贴出足够多的图形，并且对图形进行排列，如图 2.1.8。

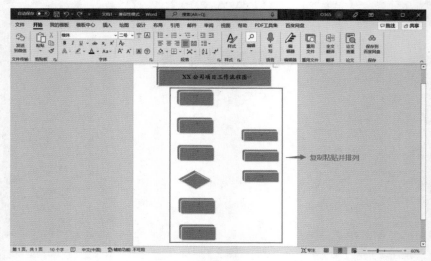

图 2.1.8

　　添加图形的步骤完成后需要添加文字，在图形上双击或者右键选择"添加文字"命令，如图 2.1.9。

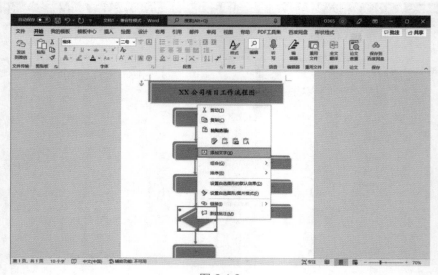

图 2.1.9

然后对各个图形单元进行文字编辑，如图 2.1.10。

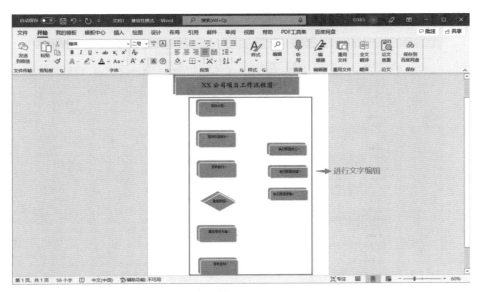

图 2.1.10

对图形单元内的文字进行属性调整，如图 2.1.11。

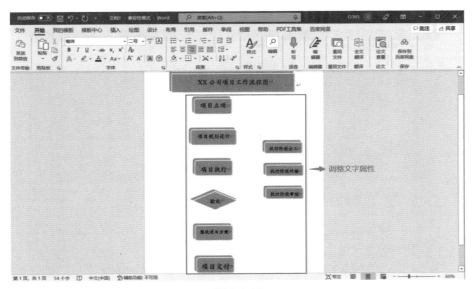

图 2.1.11

最后我们需要添加项目流程走向箭头。在功能区"插入"选项卡中选择"形状"命令组下的"线条"部分，如图 2.1.12。

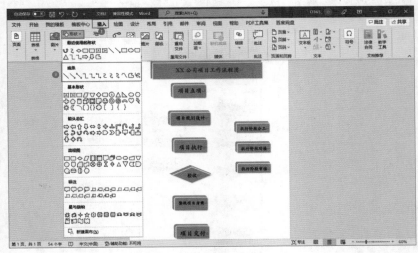

图 2.1.12

根据项目流程图的执行步骤，对各图形单元添加对应的箭头类型和方向，如图 2.1.13。

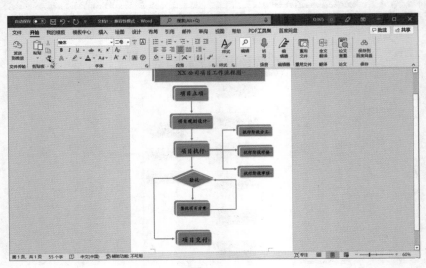

图 2.1.13

箭头添加完毕后，需要在"验收"部分添加验收的结果处理方法。在功能区"插入"选项卡中选择"文本框"命令组下的"绘制竖排文本框"命令，如图 2.1.14。

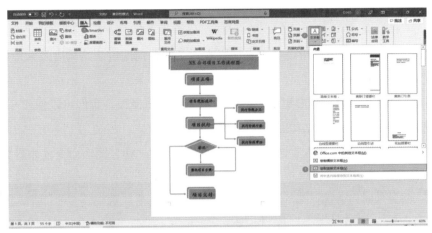

图 2.1.14

在流程图对应位置添加文本框，并编辑文字属性，最终效果如图 2.1.15。

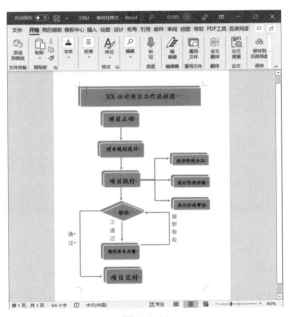

图 2.1.15

2.2 公司组织结构图的制作

公司组织结构图可以帮助员工更加直观地了解公司的组织结构以及管理岗位的上下级关系。

Word 中的 SmartArt 图形提供了众多的组织结构图模板，我们可以使用 SmartArt 图形模板绘制公司的组织结构图。

首先，在功能区"插入"选项卡中选择插入"SmartArt"图形命令，如图 2.2.1。

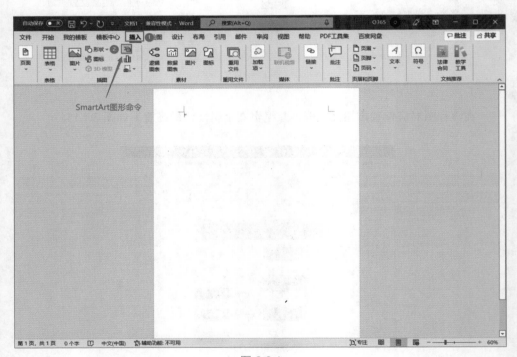

图 2.2.1

在 SmartArt 图形命令中有许多类型的结构组织图模板，根据实际需求选择出对应的模板。因为我们绘制的是公司组织结构图，所以我们需要在"层次结构"类型图中选择，如图 2.2.2。

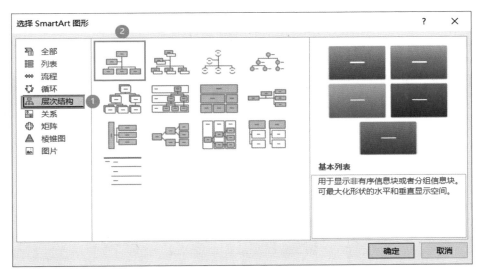

图 2.2.2

将 SmartArt 图形模板插入绘制区后，Word 会自动跳转到 "SmartArt 设计" 选项卡，如图 2.2.3。

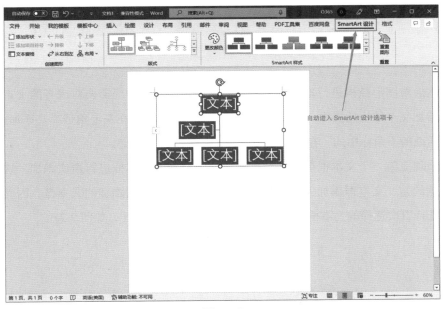

图 2.2.3

接下来我们需要调整 SmartArt 图形结构形状。首先将不需要的文本删除。鼠标选择第 2 行的文本结构，使用键盘的"删除"按钮就可以将其轻松删除，如图 2.2.4。

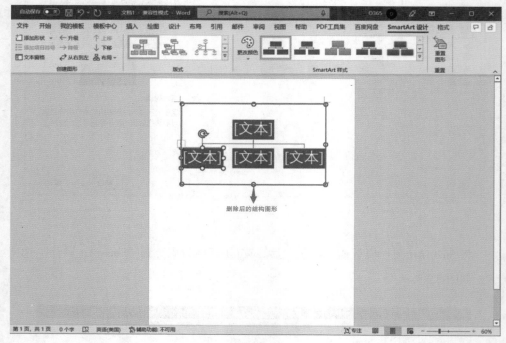

图 2.2.4

然后对图形结构进行增项调整。我们根据公司实际情况需要对现有的文本结构进行增加文本结构的操作。选择需要增项的文本结构框，在左上角选择"添加图形"命令后面的下角标中的"在下方添加形状"命令，如图 2.2.5。

添加完第一个文本框后，继续重复同样的操作对文本框进行再次添加。这里需要注意的是，文本框添加完后，被选图形会自动跳转成刚添加的文本框，因此需要再次选择首次选择的文本框进行添加才可以完成结构的设计，如图 2.2.6。

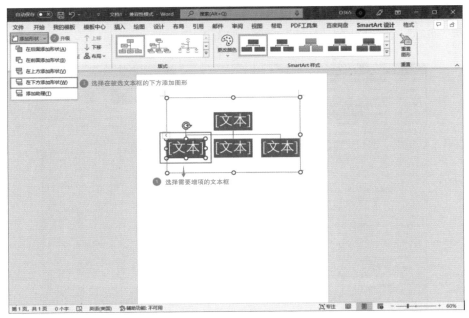

图 2.2.5

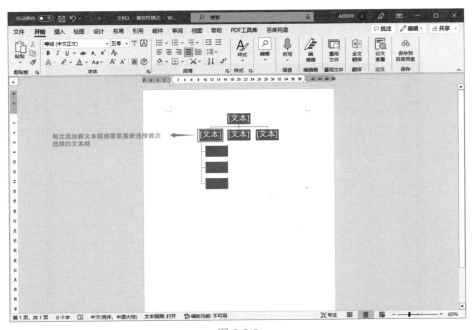

图 2.2.6

041

　　我们再次对结构的形状进行调整。选择原文本框，在"SmartArt 设计"选项卡中选择"布局"命令组中的"标准"命令，如图 2.2.7。

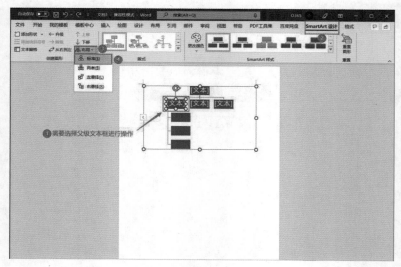

图 2.2.7

　　根据上述调整办法，对公司组织结构图进行整体调整，如图 2.2.8。

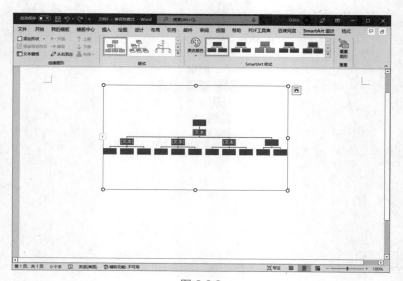

图 2.2.8

　　整体的组织结构图轮廓绘制完毕后，我们可以逐级对文本框进行修改。我们选择所有第 4 级文本框，然后调整文本框的长度，如图 2.2.9。

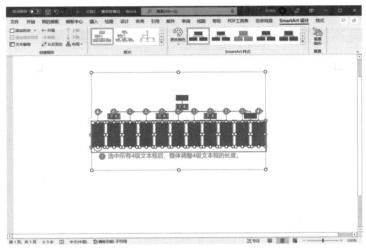

图 2.2.9

　　我们还可以进一步优化结构图。在功能区"SmartArt 设计"选项卡中，在 SmartArt "样式"命令组中选择合适的样式和颜色模板，如图 2.2.10。

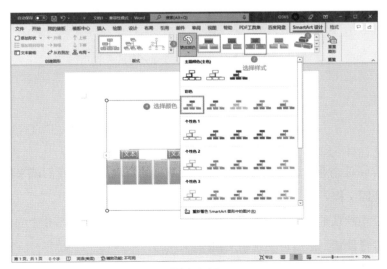

图 2.2.10

接下来要在文本框中编辑文字，我们在添加的文本框中按照层次直接键入文字。

选择文本框，在功能区"开始"选项卡的"字体"和"段落"命令组中对文字进行美化处理。最终效果如图 2.2.11。

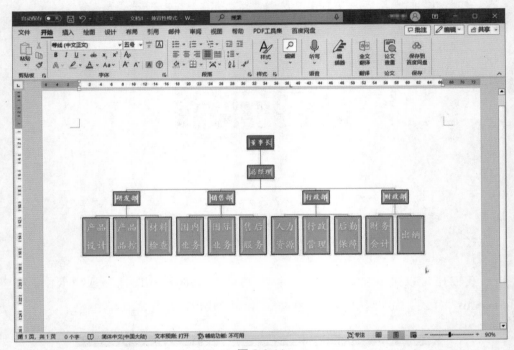

图 2.2.11

2.3 劳动合同的制作

劳动合同是企业运营中最常用，也是最基础的资料。本节我们就来制作一份常规的劳动合同文档。

一般公司默认的采购纸张为 A4 纸张大小，我们首先利用 Word 中的"布局"命令对纸张进行设置，然后再去绘制文档内容。

选择功能区"布局"选项卡中的"纸张方向"命令，设定纸张方向为纵向，如

图 2.3.1；选择"纸张大小"命令设定纸张大小为 A4 纸张大小，如图 2.3.2。

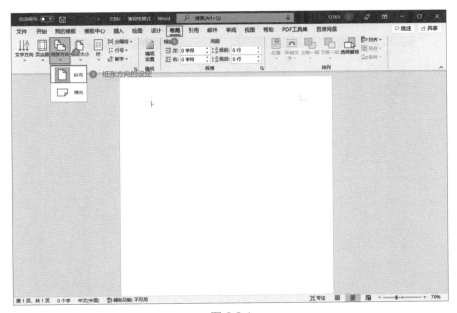

图 2.3.1

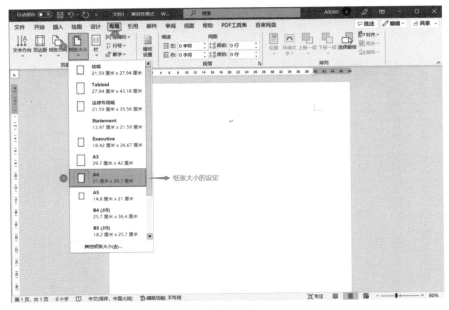

图 2.3.2

　　纸张属性设定完成后就需要对文档内容进行编辑。首先需要编辑劳动合同的封面，封面内容需要体现合同属性、甲乙双方姓名、签订日期、编号等内容，如图 2.3.3。

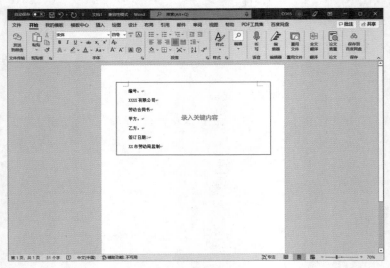

图 2.3.3

　　进行编号部分的设定：我们设定编号段落为左对齐、字体楷体、字号四号，并加粗，如图 2.3.4。

图 2.3.4

进行公司名称部分的设定：设定"××××有限公司"这几个字，段落居中、字体仿宋、字号小二并加粗，如图 2.3.5。

图 2.3.5

进行合同标题部分的设定：设定"劳动合同书"这几个字为分散对齐、字体仿宋、字号初号并加粗，如图 2.3.6。

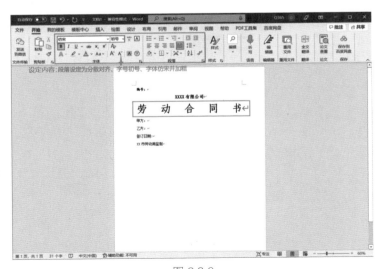

图 2.3.6

将鼠标移动到劳动合同书后面的位置，进入"段落"选项卡，如图 2.3.7。

图 2.3.7

设定间距栏段前 3 行、段后 12 行、单倍行距，如图 2.3.8。

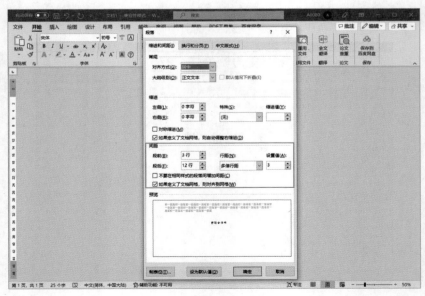

图 2.3.8

进行"甲方、乙方"部分的设定：设定字体仿宋、字号小二并加粗，如图 2.3.9。

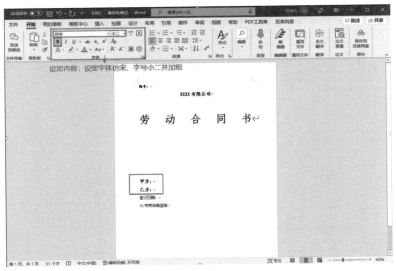

图 2.3.9

选择"甲方"名称位置，在"段落"命令组中选择"中文版式"拓展命令中的"调整宽度"命令，如图 2.3.10。

图 2.3.10

设定宽度为 3 字符，如图 2.3.11。

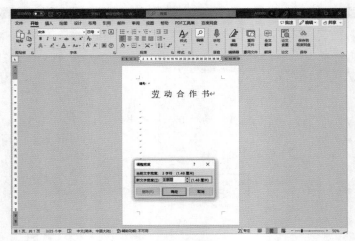

图 2.3.11

将鼠标移动到"甲方、乙方"名称位置，进入"段落"选项卡。设定缩进栏左侧 8 字符，如图 2.3.12。

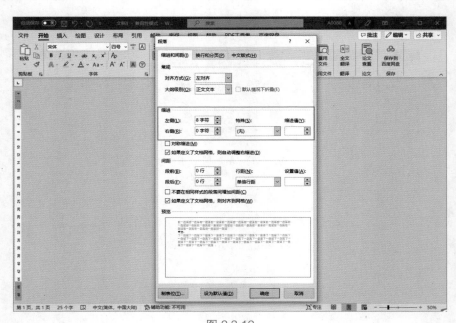

图 2.3.12

进行签订日期部分的设定：进入"段落"选项卡，设定左侧缩进 8 字符、段后间距 8 行、单倍行距，如图 2.3.13。

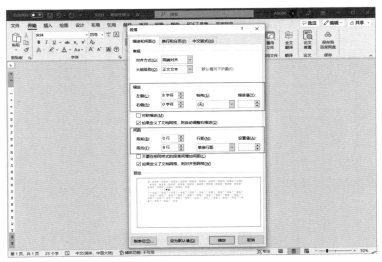

图 2.3.13

最后进行监制单位部分的设定：设定段落为居中对齐、字体楷体、字号三号，如图 2.3.14。

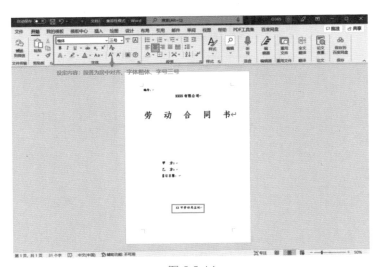

图 2.3.14

　　劳动合同封面编辑完成后需要进行合同内容的编辑。录入合同内容后，选中全部录入的文本部分，设定字体仿宋、字号四号，如图 2.3.15。

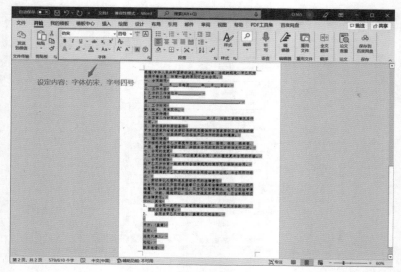

图 2.3.15

　　进入"段落"选项卡，设定段落首行缩进 2 字符、1.5 倍行距，如图 2.3.16。

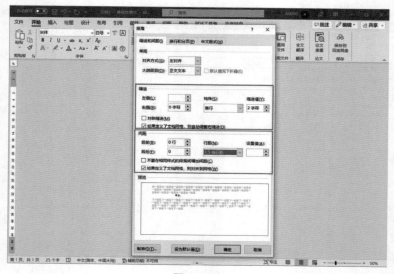

图 2.3.16

文档中现在只有甲方的资料信息，我们利用标尺功能在相应位置编辑乙方的
资料信息。

选择功能区"视图"选项卡中的"标尺"命令，如图 2.3.17。

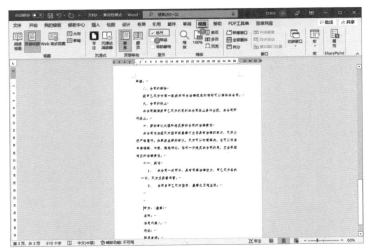

图 2.3.17

在"甲方：(盖章)"后面添加内容"乙方：(盖章)"，然后将鼠标移动到横向标
尺上点击移动到 24 的位置，会出现左对齐式制表符，如图 2.3.18。

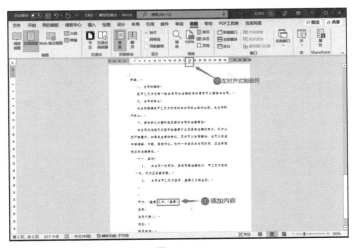

图 2.3.18

接着将鼠标放置到"乙方:（盖章）"前按下键盘的 Tab 键，会看到乙方进入左对齐式制表符位置。利用同样的方法将乙方的资料信息填充进文档，如图 2.3.19。

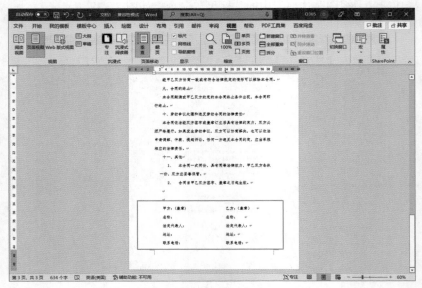

图 2.3.19

编辑完成后，可以在功能区"视图"选项卡中选择"导航窗格"命令预览整个合同，如图 2.3.20。

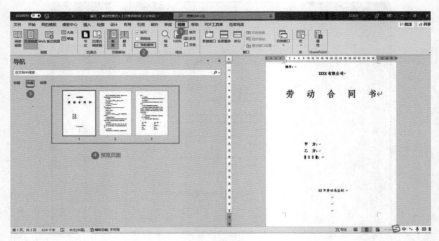

图 2.3.20

2.4　企业薪酬发放标准的制作

　　每个企业都需要制作薪酬发放标准，我们以某公司的薪酬发放标准为案例，制作该公司的薪酬发放标准。

　　企业薪酬发放标准属于企业内部资料，需要在页眉加上企业名称。选择功能区"插入"选项卡中的"页眉"命令，在下拉列表中选择一款页眉类型，如图 2.4.1。

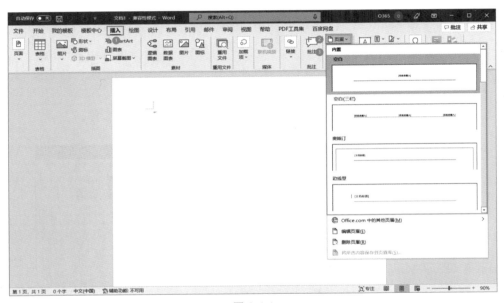

图 2.4.1

　　插入页眉后会在编辑区出现页眉横线，可以直接在横线上的编辑区输入公司名称，如图 2.4.2。

图 2.4.2

下面需要添加薪酬发放标准的内容，如图 2.4.3。

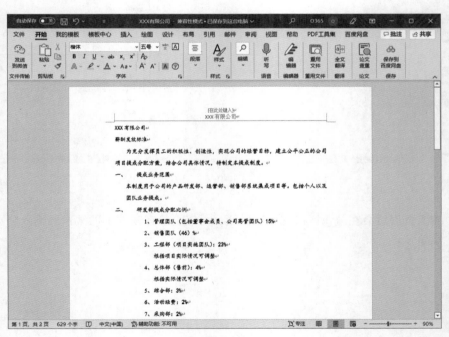

图 2.4.3

设置"××× 有限公司"的段落居中、字体楷体、字号五号，如图 2.4.4。

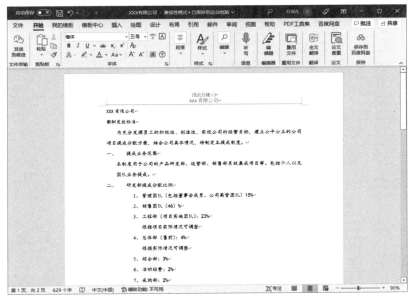

图 2.4.4

设置"薪酬发放标准"的段落居中、字体楷体、字号二号，如图 2.4.5。

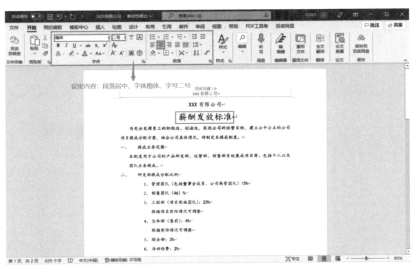

图 2.4.5

进入"段落"选项卡，设置间距段前 2 行、段后 2 行、行距 1.5 倍，如图 2.4.6。

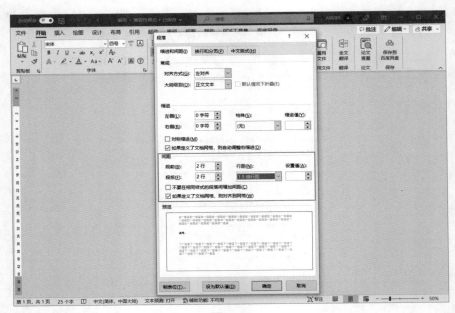

图 2.4.6

设置正文部分，字体楷体、字号四号，如图 2.4.7。

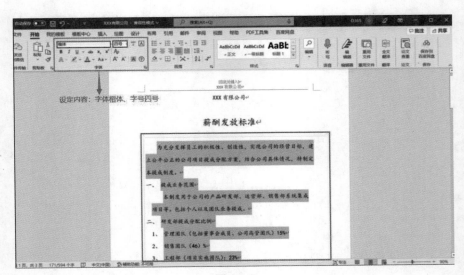

图 2.4.7

薪酬标准可以用表格绘制，这样会更直观地反应薪酬标准。选择功能区"插入"选项卡中的"表格"命令，在下拉栏的"快速插入表格"中选择插入 3×5 规格的表格，如图 2.4.8。

图 2.4.8

在表格内输入提成方案内容，Word 会自动进入"表设计"选项卡，可以根据实际情况调整表格属性。表格内容的文字属性设置为字体楷体、字号四号，如图 2.4.9。

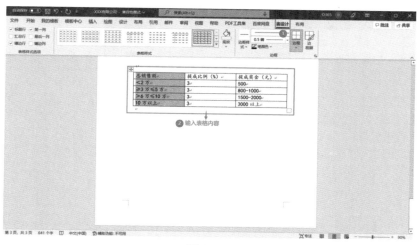

图 2.4.9

按照同样的方法设置不同表格插入源文档中，如图 2.4.10。

图 2.4.10

选择功能区中"插入"选项卡中的"页码"命令，在下拉列表中选择"页面底端"，在弹出的页码类型中选择一款，如图 2.4.11。

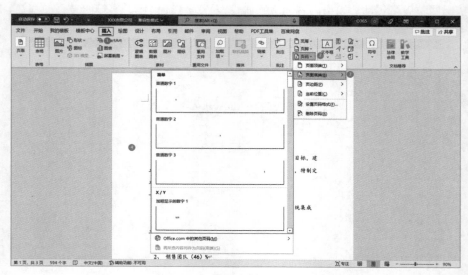

图 2.4.11

选择插入的页码类型后，Word 会自动进入"页眉和页脚"选项卡，可以根据实际情况设置页码属性，如图 2.4.12。

图 2.4.12

设置完成后我们会发现，运营部提成分配比例表格被分配到两页上，如图 2.4.13。

图 2.4.13

出现这种情况，我们需要插入"分隔符"。将鼠标放置到需要增加分页符的位置，选择功能区"布局"选项卡中的"分隔符"，在"分隔符"下拉栏选择"分页符"命令，如图 2.4.14。

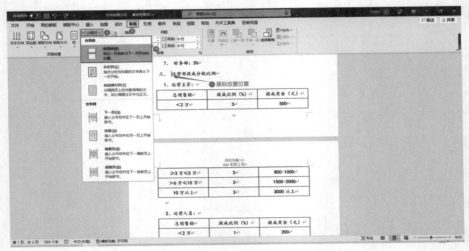

图 2.4.14

设置完成后，最终效果如图 2.4.15。

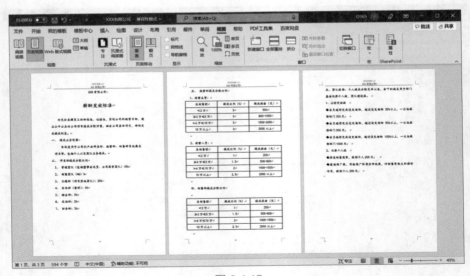

图 2.4.15

Part 2
Excel 办公应用指南

第3章

Excel 的基本功能与应用

3.1　工作簿与工作表的基本操作

在 Excel 中，用来储存并处理工作数据的文件叫工作簿。工作表属于工作簿的一部分，每个工作簿是由若干个工作表组成的，第一个工作表会被命名为"Sheet1"，创建多个工作表则工作表的名称依次为"Sheet2""Sheet3"等等。

Excel 提供很多标准的工作簿模板，根据需要在模板库中进行选择即可。我们可以新建一个新的空白工作簿或者选择联机的工作簿模板，如图 3.1.1。

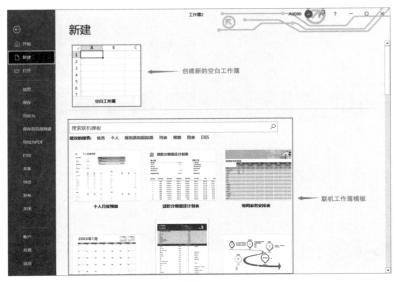

图 3.1.1

进入 Excel 工作簿中，最上面会显示工作簿的名称，在编辑区左下角会显示工作表的名称，如图 3.1.2。

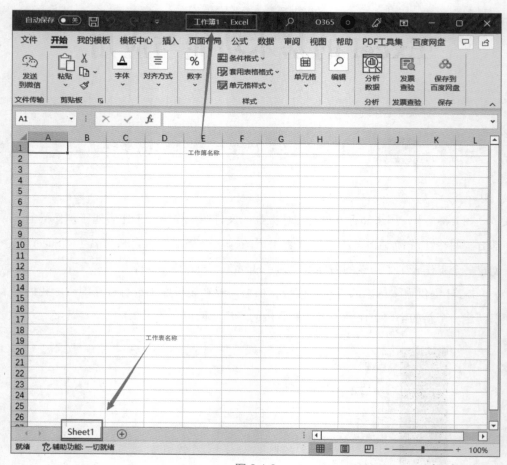

图 3.1.2

选择工作表 Sheet1 名称后面的"⊕"命令，增加新的工作表"Sheet2"，如图 3.1.3。

图 3.1.3

　　鼠标右击新增工作表的名称会弹出选项卡，我们可以在选项卡中对工作表进行插入、删除、重命名等操作，如图 3.1.4。

图 3.1.4

3.2 行、列以及单元格的区分

组成 Excel 表格最小的单位是单元格，数据编辑过程中有时因为属性或者功能的不同需要对行与列进行操作。本节我们学习行、列以及单元格如何区分，以及如何调整行、列以及单元格的属性。

我们以制作一个简易的日历表为例来学习行、列以及单元格的属性。

在编辑区绘制一个简易日历表，如图 3.2.1。

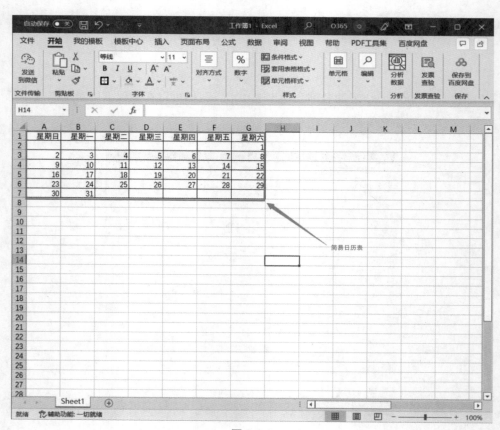

图 3.2.1

选中表格中左侧第一行数列表，进入行编辑模式，如图 3.2.2。

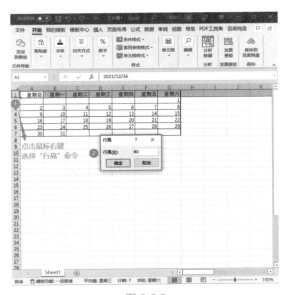

图 3.2.2

点击行数"1"并单击鼠标右键，选中"行高"命令，将行高设置为 80，如图
3.2.3。

图 3.2.3

设置行高为 80 后，可以看到第一行的行高已经调整，如图 3.2.4。

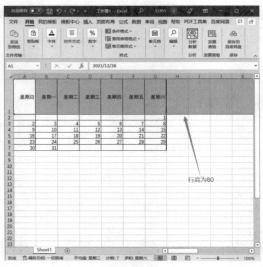

图 3.2.4

选中行数栏 1 到 7 的行数，点击鼠标右键选择行高，将行高设置为 80，如图 3.2.5。

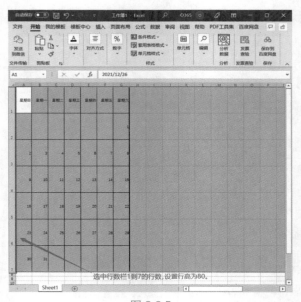

图 3.2.5

编辑区上方的英文字母代表"列"，根据需求点击列数字母进入列编辑模式，如图 3.2.6。

图 3.2.6

仿照行的行高设置，将 A 到 G 列的列宽设置为 15，如图 3.2.7。

图 3.2.7

　　设置完行与列后，便可以对其中的单元格进行编辑。首先，选择星期栏，将单元格中的文字设置为仿宋字体、字号 20、居中对齐，如图 3.2.8。

图 3.2.8

　　我们还可以给单元格上色，在功能区"开始"选项卡中选择主题颜色为"蓝色"，如图 3.2.9。

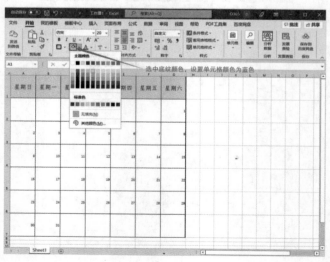

图 3.2.9

设置日期栏文字字体仿宋、字号 36、居中对齐，如图 3.2.10。

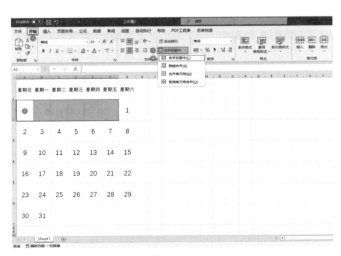

图 3.2.10

根据目前的日历情况，我们需要对表格进行整理，选择第 1 行和第 2 行从第 A 列到第 F 列的单元格，在功能区"开始"选项卡中选择"合并后居中"命令，如图 3.2.11。

图 3.2.11

利用同样的方式将第 7 行第 C 列到第 G 列的单元格进行合并，如图 3.2.12。

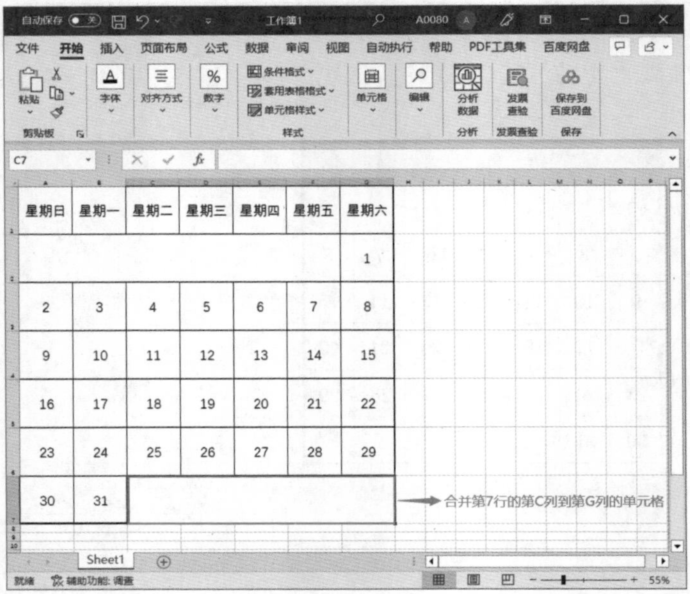

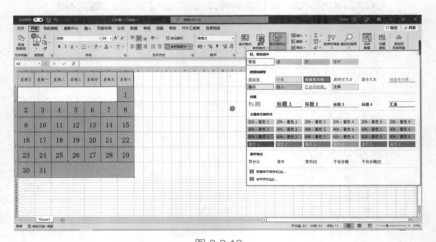

图 3.2.12

也可以直接选择功能区中"开始"选项卡中的"单元格样式"功能，从现有样式中选择合适的单元格属性，如图 3.2.13。

图 3.2.13

3.3 Excel 的五大主要功能

Excel 表格拥有五大主要功能，分别是数据的记录、数据的计算、数据的分析、数据图的制作和数据的传递与共享。本节简要介绍一下这五大主要功能如何使用。

3.3.1 数据的记录

数据的记录是 Excel 表格最基础的功能，将烦琐的数据录入 Excel 表格中，然后可以通过筛选条件将数据进行整理。

下面是一份学生期末考试的成绩表，将学生成绩录入 Excel 表格中可以直观地了解每个学生的学习情况，如图 3.3.1。

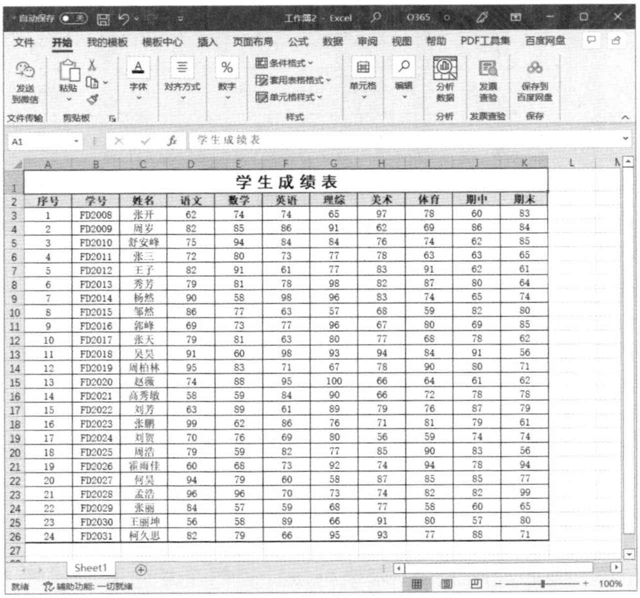

学生成绩表

序号	学号	姓名	语文	数学	英语	理综	美术	体育	期中	期末
1	FD2008	张开	62	74	74	65	97	78	60	83
2	FD2009	周岁	82	85	86	91	62	69	86	84
3	FD2010	舒安峰	75	94	84	84	76	74	62	85
4	FD2011	张三	72	80	73	77	78	63	63	65
5	FD2012	王子	82	91	61	77	83	91	62	61
6	FD2013	秀芳	79	81	78	98	82	87	80	64
7	FD2014	杨然	90	58	98	96	83	74	65	74
8	FD2015	邹然	86	77	63	57	68	59	82	80
9	FD2016	郭峰	69	73	77	96	67	80	69	85
10	FD2017	张天	79	81	63	80	77	68	78	62
11	FD2018	吴昊	91	60	98	93	94	84	91	56
12	FD2019	周柏林	95	83	71	67	78	90	80	71
13	FD2020	赵薇	74	88	95	100	66	64	61	62
14	FD2021	高秀敏	58	59	84	90	66	72	78	78
15	FD2022	刘芳	63	89	61	89	79	76	87	79
16	FD2023	张鹏	99	62	86	76	71	81	79	61
17	FD2024	刘贺	70	76	69	80	56	59	74	74
18	FD2025	周浩	79	59	82	77	85	90	83	56
19	FD2026	霍雨佳	60	68	73	92	74	94	78	94
20	FD2027	何昊	94	79	60	58	87	85	85	77
21	FD2028	孟浩	96	96	70	73	74	82	82	99
22	FD2029	张丽	84	57	59	68	77	58	60	65
23	FD2030	王丽坤	56	58	89	66	91	80	57	80
24	FD2031	柯久思	82	79	66	95	93	77	88	71

图 3.3.1

我们可以修改表格样式、调整字体属性等，使表格变得更加美观，如图 3.3.2。

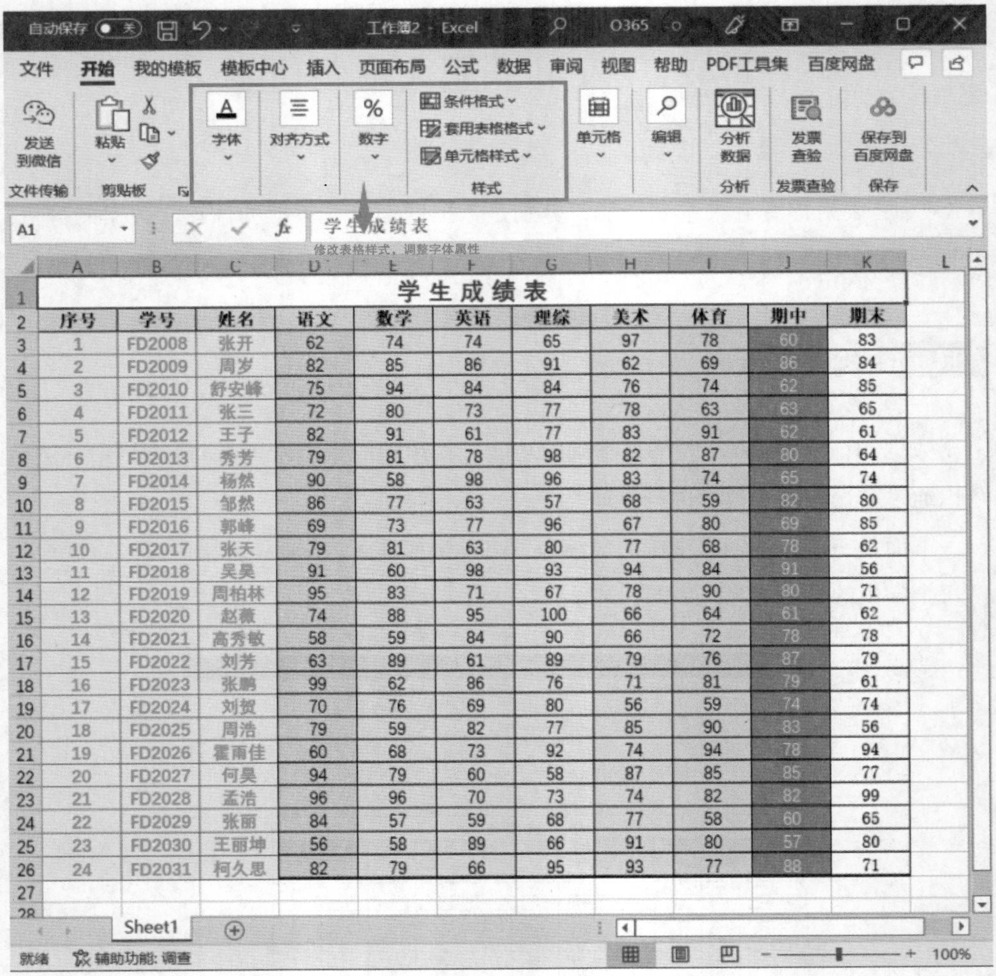

图 3.3.2

3.3.2 数据的计算

Excel 表格拥有强大的数据计算能力，在表格中设置计算公式，我们可以快速地计算出想要的数据。例如利用 Excel 表格可以计算每个学生的总成绩。

首先，鼠标选择一个空白的单元格，然后键盘输入符号 "=" 号，如图 3.3.3。

图 3.3.3

接着，用鼠标点击语文成绩的分数，可以看到"="号后会出现该单元格的坐标，如图 3.3.4。

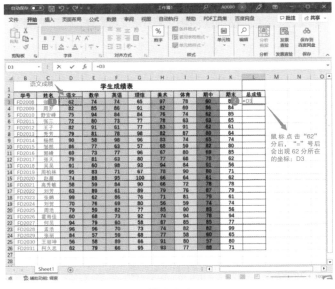

图 3.3.4

　　然后，键盘输入符号"+"，再用鼠标点击数学成绩的"74"分，如图 3.3.5。

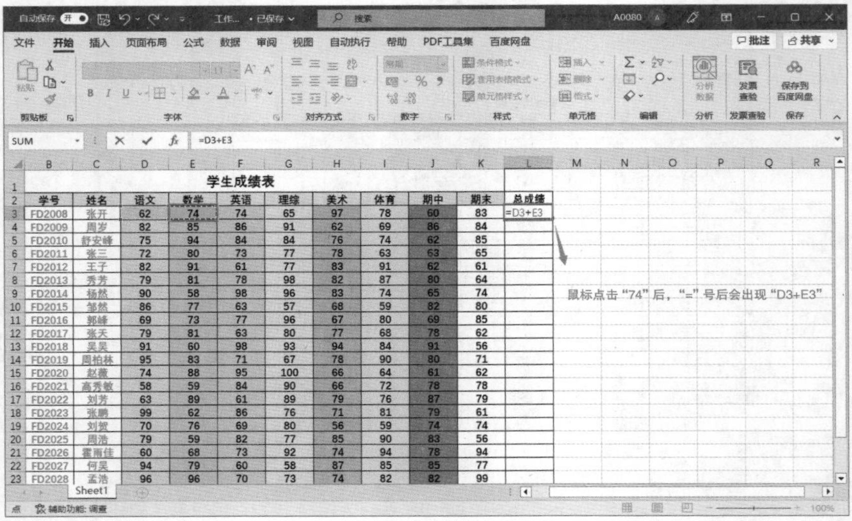

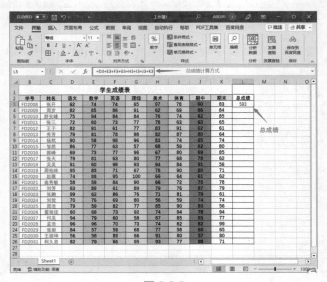

图 3.3.5

　　接着，依次点击各项成绩，按键盘的"Enter"键，便能够得到第一个学生的总

成绩，如图 3.3.6。

图 3.3.6

接下来我们用鼠标点击第一个学生的总成绩"593"所在的单元格的右下角，如图 3.3.7。

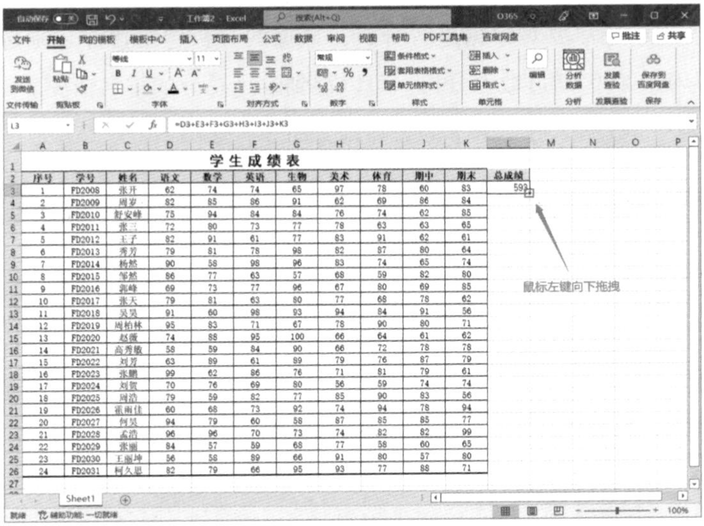

图 3.3.7

拖拽到最后一个学生处，可以得到其他学生的总成绩，如图 3.3.8。

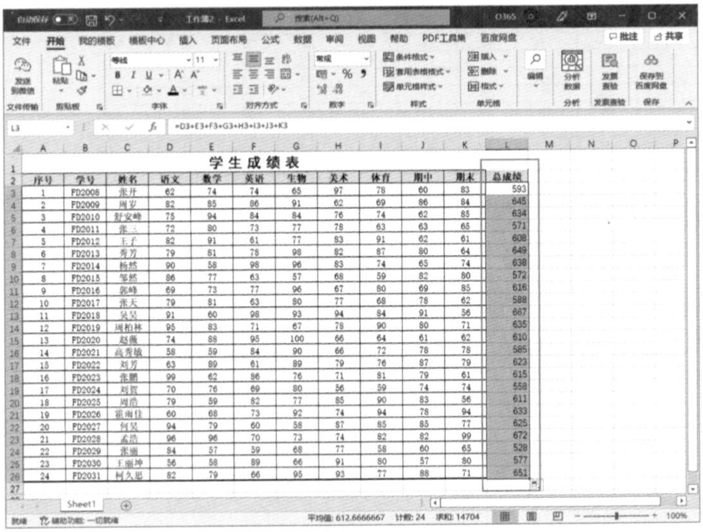

图 3.3.8

3.3.3 数据的分析

数据录入之后还需要对数据进行分析，数据的分析包括排序、筛选、汇总。以学生成绩表为例，我们经过数据分析，可以得到学生总分的排名情况。

选择功能区“数据”选项卡下的“筛选”命令，如图 3.3.9。

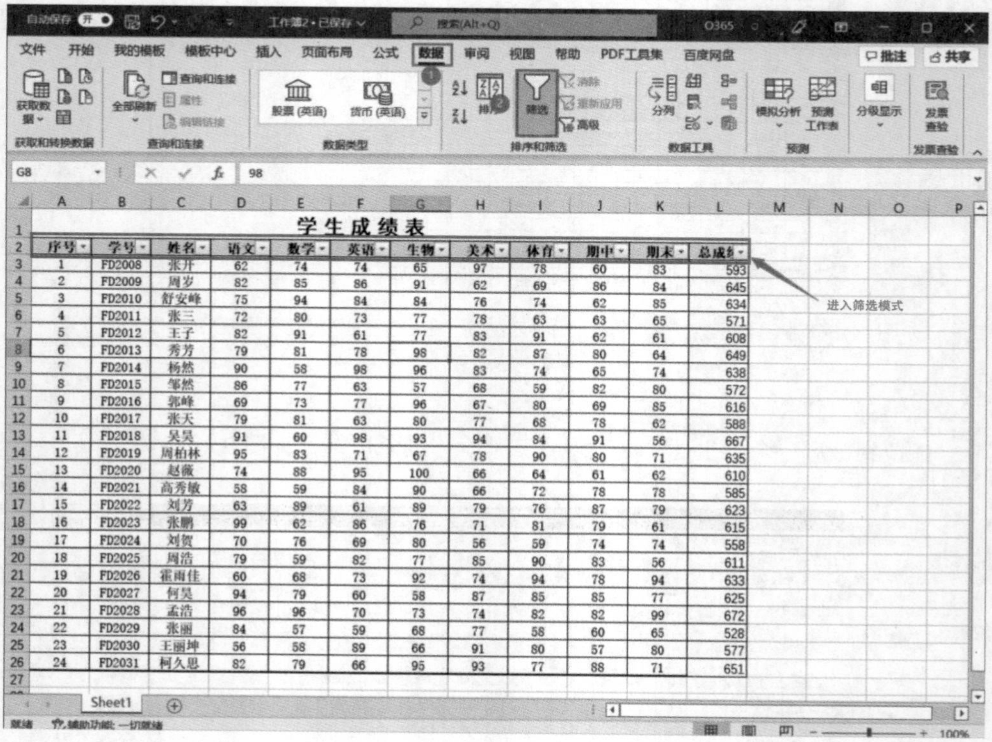

学生成绩表

序号	学号	姓名	语文	数学	英语	生物	美术	体育	期中	期末	总成绩
1	FD2008	张升	62	74	74	65	97	78	60	83	593
2	FD2009	周岁	82	85	86	91	62	69	86	84	645
3	FD2010	舒安峰	75	94	84	84	76	74	62	85	634
4	FD2011	张三	72	80	73	77	78	63	63	65	571
5	FD2012	王子	82	91	61	77	83	91	62	61	608
6	FD2013	秀芳	79	81	78	98	82	87	80	64	649
7	FD2014	杨然	90	58	98	96	83	74	65	74	638
8	FD2015	邹然	86	77	63	57	68	59	82	80	572
9	FD2016	郭峰	69	73	77	96	67	80	69	85	616
10	FD2017	张天	79	81	63	80	77	68	78	62	588
11	FD2018	吴昊	91	60	98	93	94	84	91	56	667
12	FD2019	周柏林	95	83	71	67	78	90	80	71	635
13	FD2020	赵薇	74	88	95	100	66	64	61	62	610
14	FD2021	高秀敏	58	59	84	90	66	72	78	78	585
15	FD2022	刘芳	63	89	61	89	79	76	87	79	623
16	FD2023	张鹏	99	62	86	76	71	81	79	61	615
17	FD2024	刘贺	70	76	69	80	56	59	74	74	558
18	FD2025	周浩	79	59	82	77	85	90	83	56	611
19	FD2026	霍雨佳	60	68	73	92	74	94	78	94	633
20	FD2027	何昊	94	79	60	58	87	85	85	77	625
21	FD2028	孟浩	96	96	70	73	74	82	82	99	672
22	FD2029	张丽	84	57	59	68	77	58	60	65	528
23	FD2030	王丽坤	56	58	89	66	91	80	57	80	577
24	FD2031	柯久思	82	79	66	95	93	77	88	71	651

图 3.3.9

点击“总成绩”后面的倒三角符号，选择“降序”命令，如图 3.3.10。

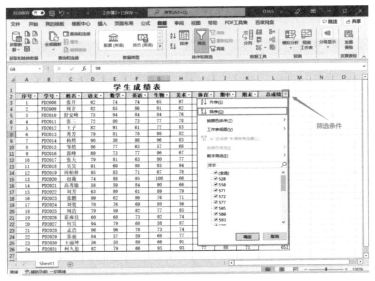

图 3.3.10

我们可以看到，数据已经以"总成绩排名"为条件按"降序"进行了重新排序，如图 3.3.11。

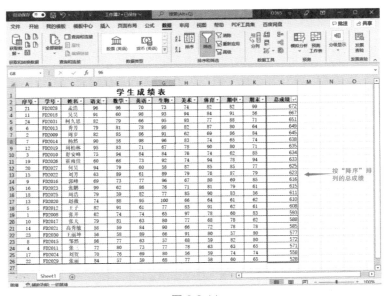

图 3.3.11

我们也可以以“语文成绩”为条件按“降序”重新排名，如图 3.3.12。

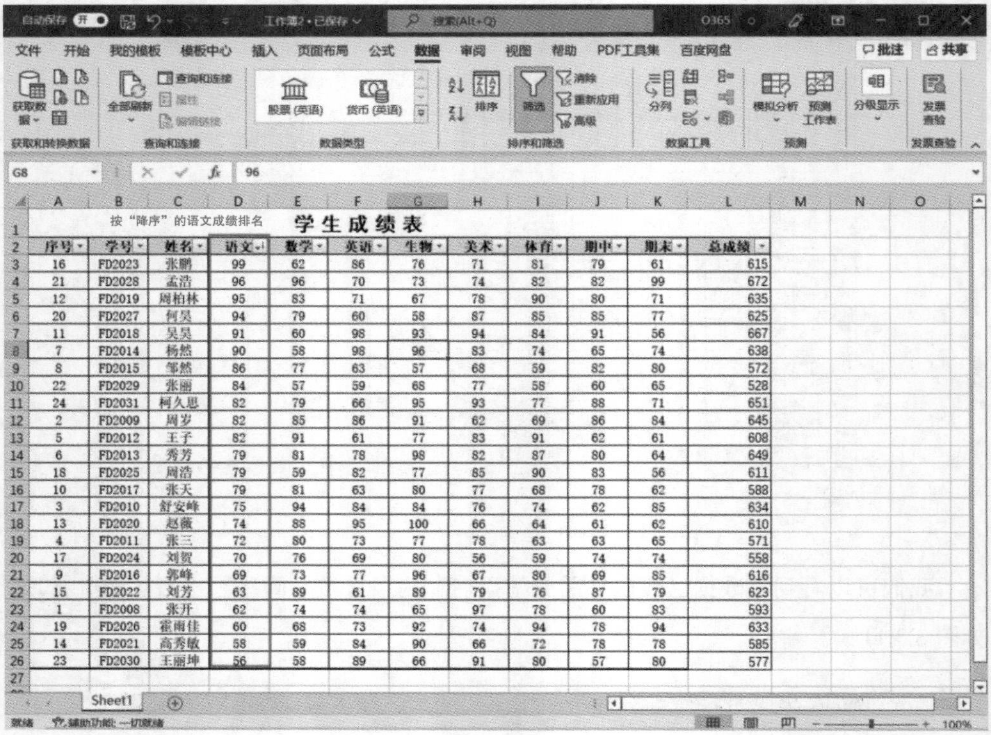
按“降序”的语文成绩排名 学生成绩表

序号	学号	姓名	语文	数学	英语	生物	美术	体育	期中	期末	总成绩
16	FD2023	张鹏	99	62	86	76	71	81	79	61	615
21	FD2028	孟浩	96	96	70	73	74	82	82	99	672
12	FD2019	周柏林	95	83	71	67	78	90	80	71	635
20	FD2027	何昊	94	79	60	58	87	85	85	77	625
11	FD2018	吴昊	91	60	98	93	94	84	91	56	667
7	FD2014	杨然	90	58	98	96	83	74	65	74	638
8	FD2015	邹然	86	77	63	57	68	59	82	80	572
22	FD2029	张丽	84	57	59	68	77	58	60	65	528
24	FD2031	柯久思	82	79	66	95	93	77	88	71	651
2	FD2009	周岁	82	85	86	91	62	69	86	84	645
5	FD2012	王子	82	91	61	77	83	91	62	61	608
6	FD2013	秀芳	79	81	78	98	82	87	80	64	649
18	FD2025	周浩	79	59	82	77	85	90	83	56	611
10	FD2017	张天	79	81	63	80	77	68	78	62	588
3	FD2010	舒安峰	75	94	84	84	76	74	62	85	634
13	FD2020	赵薇	74	88	95	100	66	64	61	62	610
4	FD2011	张三	72	80	73	77	78	63	63	65	571
17	FD2024	刘贺	70	76	69	80	56	59	74	74	558
9	FD2016	郭峰	69	73	77	96	67	80	69	85	616
15	FD2022	刘芳	63	89	61	89	79	76	87	79	623
1	FD2008	张开	62	74	74	65	97	78	60	83	593
19	FD2026	霍雨佳	60	68	73	92	74	94	78	94	633
14	FD2021	高秀敏	58	59	84	90	66	72	78	78	585
23	FD2030	王丽坤	56	58	89	66	91	80	57	80	577

图 3.3.12

3.3.4 数据图的制作

数据图是数据表的可视化形态，可以让数据更加直观地体现出来。方便我们进行统计与分析，数据图可以称为数据透视图。

Excel 中提供了多种的透视图样式，我们可以根据实际情况进行选择。首先在编辑区内选择“总成绩”文本框下的所有数据，然后选择功能区“插入”选项卡下的“推荐的图表”命令，如图 3.3.13。

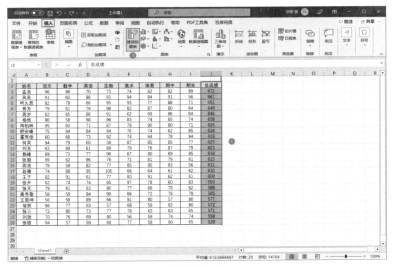

图 3.3.13

进入"插入图表"选项卡中选择一个"推荐的图表",点击确定添加到编辑区,如图 3.3.14。

图 3.3.14

插入图表后的图形如图 3.3.15。

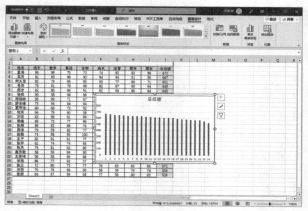

图 3.3.15

3.3.5 数据的传递与共享

我们编辑的 Excel 表格可以实现信息共享。由于 PDF 格式的文件适于文件的传递，我们可以先将 Excel 表格转化为 PDF 格式后再进行传输，或者将 Excel 表格通过 QQ 和邮件的方式分享出去，还可以将其直接保存到网盘当中。

选择功能区中"PDF 工具集"选项卡中的"导出为 PDF"命令将文件以 PDF 的格式导出，如图 3.3.16。

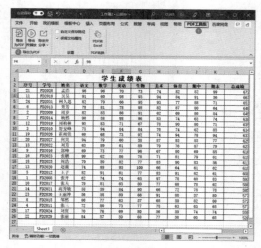

图 3.3.16

　　或者选择功能区中"PDF 工具集"选项卡中的"导出并分享"命令将文件通过 QQ 或邮件的方式分享出去，如图 3.3.17。

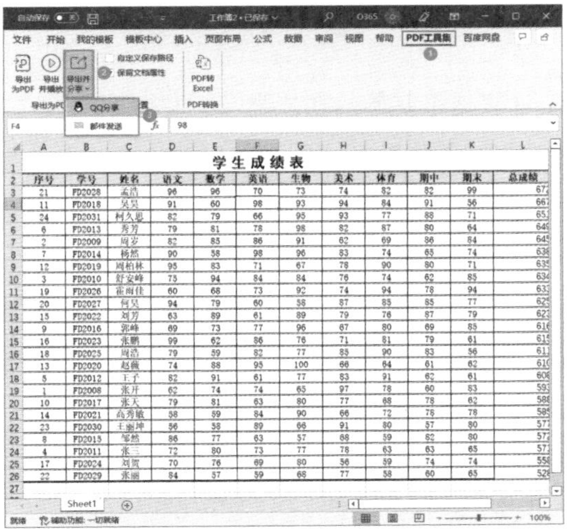

图 3.3.17

　　还可以选择功能区"百度网盘"中的"保存到百度网盘"命令，将数据保存到网盘当中，如图 3.3.18。

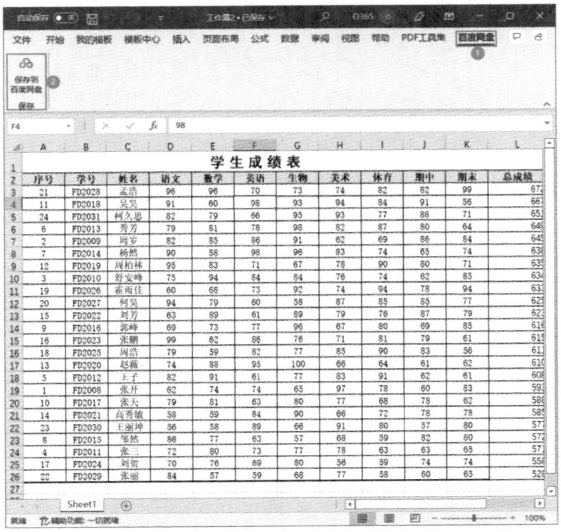

图 3.3.18

3.4 数据的输入与编辑技巧

数据的输入是 Excel 表格最基础的功能之一，掌握数据输入和编辑的技巧可以精准迅速地完成表格的编辑。数据的输入与编辑技巧有很多，本节我们选择三个最常用的技巧，分别为同类型数据的快速输入、单元格小数位数的设置和快速输入中文大写数字。

3.4.1 同类型数据的快速输入

在数据输入时，Excel 表格会提示曾经输入过的数据内容，这样可以更加快速地完成数据输入工作。

在某商场的柜台销售清单中，输入"荣耀"两字在后面会自动弹出内容"Magic4"字符，这是因为在之前的数据中有"荣耀 Magic4"字符的存在，所以在后面的编辑中会自动弹出输入过的内容，如图 3.4.1。

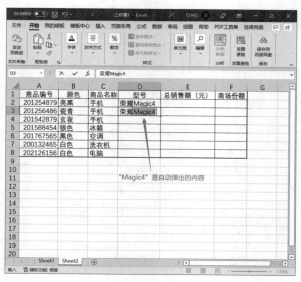

图 3.4.1

3.4.2　单元格小数位数的设置

在编辑表格时，我们可以将小数点的位数进行调整，这样会让表格更加整洁清晰。

首先选中需要设置位数的单元格，然后点击鼠标右键弹出选项卡，在选项卡中选择"设置单元格格式"命令，如图 3.4.2。

图 3.4.2

进入"设置单元格格式"命令后，分类栏里选择"数值"，在设置栏中将小数位数改为 2，如图 3.4.3。

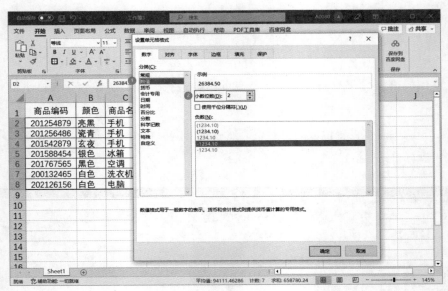

图 3.4.3

点击"确定"完成设置，可以看到数据表中的数据全部变成了小数点后保留 2 位小数，如图 3.4.4。

图 3.4.4

3.4.3　快速输入中文大写数字

在编辑一些会计类表格时，有时需要输入大量的中文大写数字。我们可以设置单元格格式将已经输入的阿拉伯数字转化为中文大写数字。

首先，选中需要转化的数字单元格，点击鼠标右键选择"设置单元格格式"命令，如图 3.4.5。

图 3.4.5

在单元格格式中选择"特殊"分类下的"中文大写数字"选项，如图 3.4.6。

图 3.4.6

最终转化的效果如图 3.4.7 所示。

图 3.4.7

3.5　Excel 的打印技巧

　　表格绘制完成后如果需要将内容打印出来，那么在打印的过程中也需要对参数进行设置，这样才能让打印的效果符合我们的需求。

　　以打印一份学生成绩表为例，因为成绩表包含的列数较多，所以在打印时会分成两页。毫无疑问，这会使打印效果变得非常差。如图 3.5.1 和图 3.5.2 所示。

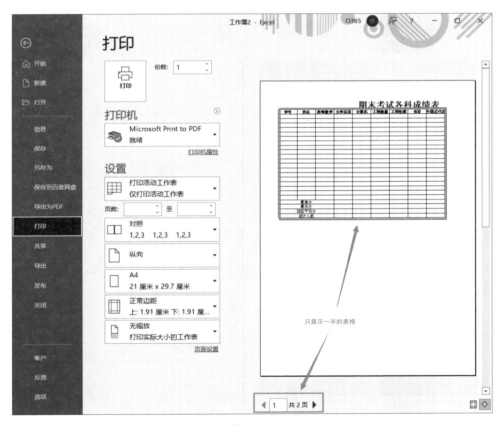

图 3.5.1

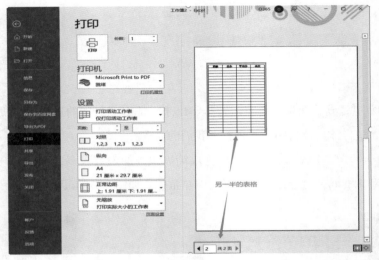

图 3.5.2

首先将纸张的方向进行调整，在打印设置里将"纵向打印"改为"横向打印"，便可以解决这个问题。如图 3.5.3。

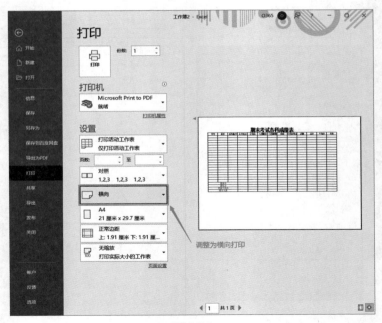

图 3.5.3

调整后发现效果依然不好，我们还可以通过对页边距进行设置，来进一步调整该文件。在打印设置界面进入"自定义页边距"命令，如图 3.5.4。

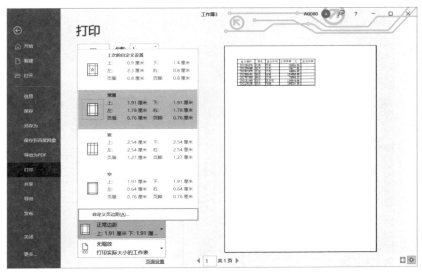

图 3.5.4

在"自定义页边距"选项卡中按照实际打印情况进行页边距调整，如图 3.5.5。

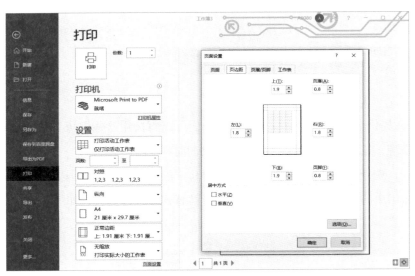

图 3.5.5

调整后的表格如图 3.5.6。

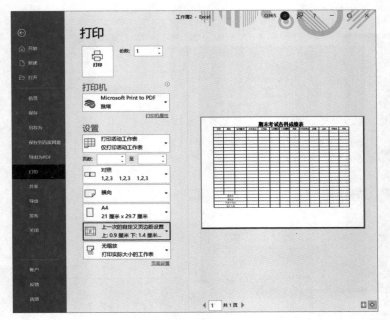

图 3.5.6

3.6　Excel 表格样式的使用

Excel 提供了众多的表格样式模板，我们可以直接用这些模板对数据进行记录、分析与整理，这样会大大节省我们调整表格的时间。

首先，选择我们需要修改样式的单元格，在功能区"开始"选项卡中选择"样式"命令组中的"单元格样式"命令，在下拉样式中选择即可，如图 3.6.1。

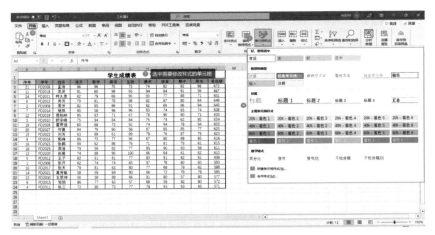

图 3.6.1

选择好样式后，呈现的学生成绩表的效果如图 3.6.2。

图 3.6.2

我们也可以套用表格样式，首先选中需要编辑的表格，然后在功能区"开始"选项卡中选择"样式"命令组中的"套用表格样式"命令，在下拉样式中选择需要的即可，如图 3.6.3。

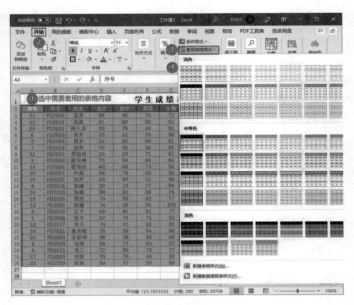

图 3.6.3

选择好表格样式后，效果如图 3.6.4。

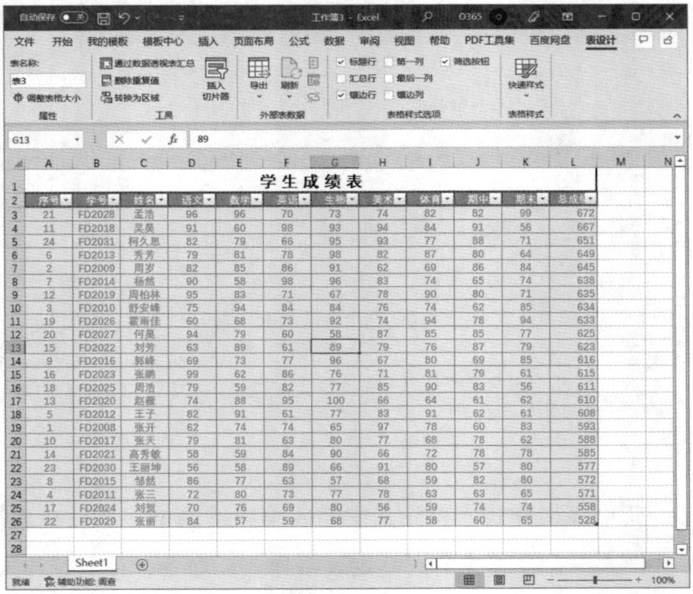

图 3.6.4

3.7　公式与函数的应用

Excel 拥有非常强大的数据处理功能，我们可以利用 Excel 内置的公式与函数对数据进行处理，处理过的数据会更加有利于我们对数据的分析与整理。

Excel 中的公式运用很简单，我们需要在空置的单元格中输入"="号，然后加上数据与运算公式就可以得到我们想要的结果。

我们以常用的工资发放表为案例，首先鼠标点击 1 号员工的"应付工资"单元格，键盘输入"="号，如图 3.7.1。

图 3.7.1

然后鼠标点击 1 号员工的薪资应发数"3500"，然后键盘输入"+"号，再点击 1 号员工的绩效提成数"2300"，应付工资的单元格中会显示"F4+G4"如图 3.7.2。

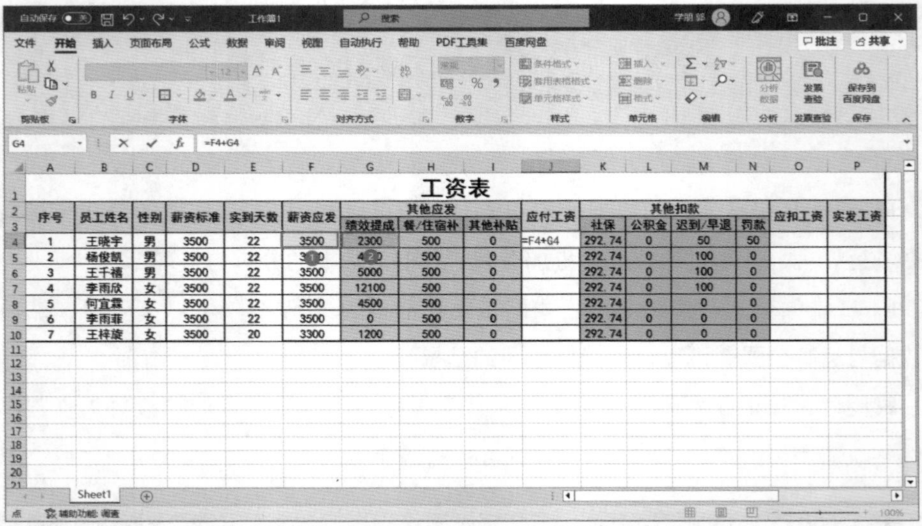

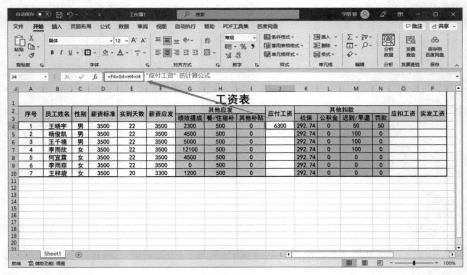

图 3.7.2

　　按照上述方法继续将"餐 / 住宿补"和"其他补贴"的数值相加，键盘输入
"Enter"键，可以完成"应付工资"的计算，如图 3.7.3。

图 3.7.3

我们也可以使用 Excel 自带的"公式"进行计算，首先鼠标选中 2 号员工的"应付工资"单元格，然后在功能区中选择"公式"命令下的"自动求和"。鼠标选中需要进行求和的单元格，按键盘"Enter"确认即可，如图 3.7.4。

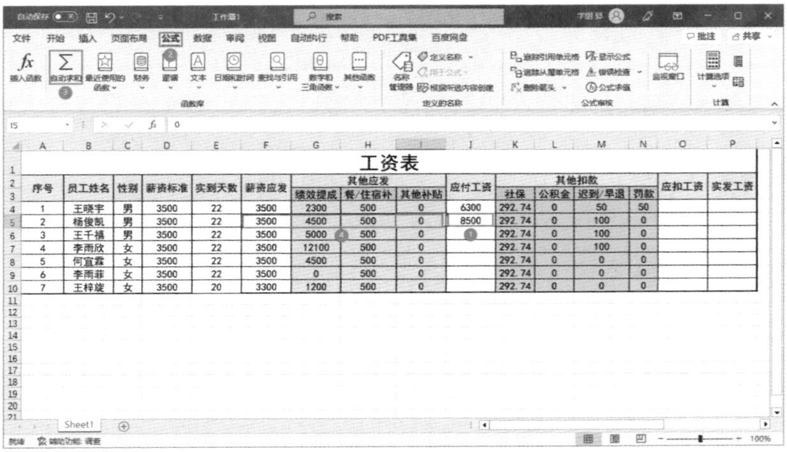

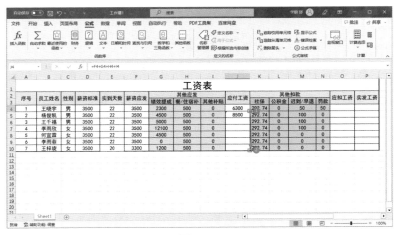

图 3.7.4

我们可以利用更快捷的方法得到其他人的"应付工资"，鼠标选中 1 号员工"应付工资"单元格，这时单元格右下角会出现"+"符号，点击拖拽到最后一个员工"应付工资"的单元格，如图 3.7.5。

图 3.7.5

得到"应付工资"结果如图 3.7.6。

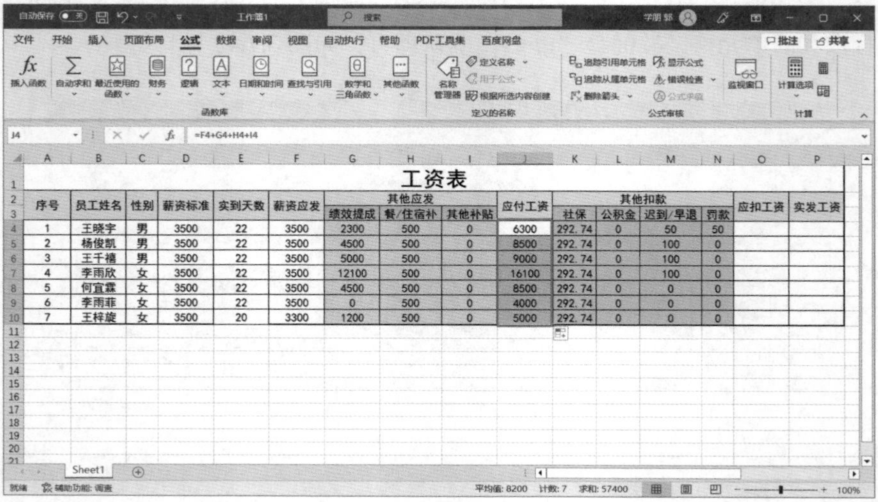

图 3.7.6

Excel 提供了很多的计算公式，例如求和、平均值、计数、最大值、最小值等。使用的方法同求和的方法一样，计算公式的位置如图 3.7.7。

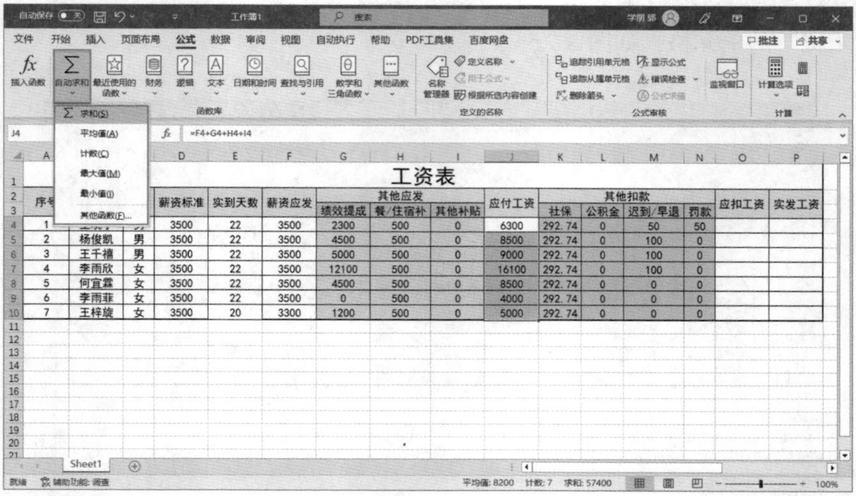

图 3.7.7

使用同样的方法计算出工资表中的应扣工资，如图 3.7.8。

工资表

序号	员工姓名	性别	薪资标准	实到天数	薪资应发	其他应发 绩效提成	餐/住宿补	其他补贴	应付工资	其他扣款 社保	公积金	迟到/早退	罚款	应扣工资	实发工资
1	王晓宇	男	3500	22	3500	2300	500	0	6300	292.74	0	50	50	392.74	
2	杨俊凯	男	3500	22	3500	4500	500	0	8500	292.74	0	100	0	392.74	
3	王千禧	男	3500	22	3500	5000	500	0	9000	292.74	0	100	0	392.74	
4	李雨欣	女	3500	22	3500	12100	500	0	16100	292.74	0	100	0	392.74	
5	何宜霖	女	3500	22	3500	4500	500	0	8500	292.74	0	0	0	292.74	
6	李雨菲	女	3500	22	3500	0	500	0	4000	292.74	0	0	0	292.74	
7	王梓旋	女	3500	20	3300	1200	500	0	5000	292.74	0	0	0	292.74	

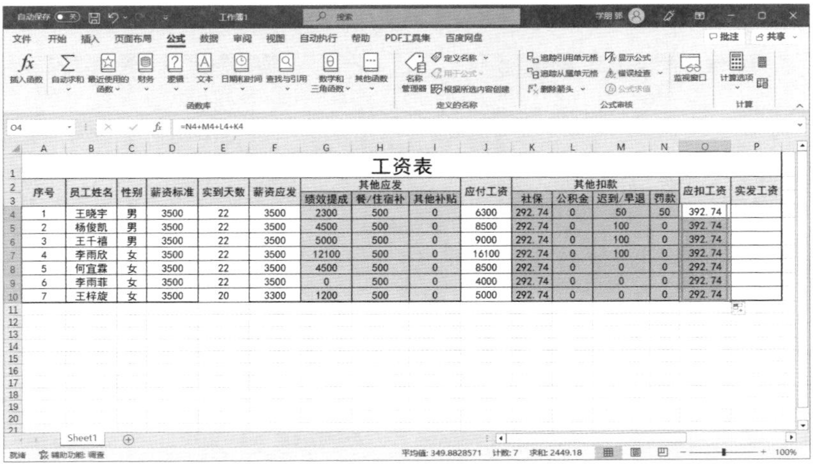

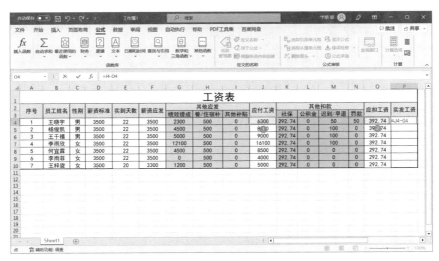

图 3.7.8

鼠标点击 1 号员工的“实发工资”单元格输入符号“=”号，然后鼠标点击应付工资的“6300”元，键盘输入符号“-”号，然后再点击应扣工资的“392.74”元，此时 1 号员工实发工资的单元格显示如图 3.7.9。

工资表

序号	员工姓名	性别	薪资标准	实到天数	薪资应发	其他应发 绩效提成	餐/住宿补	其他补贴	应付工资	其他扣款 社保	公积金	迟到/早退	罚款	应扣工资	实发工资
1	王晓宇	男	3500	22	3500	2300	500	0	6300	292.74	0	50	50	392.74	=J4-O4
2	杨俊凯	男	3500	22	3500	4500	500	0	8500	292.74	0	100	0	392.74	
3	王千禧	男	3500	22	3500	5000	500	0	9000	292.74	0	100	0	392.74	
4	李雨欣	女	3500	22	3500	12100	500	0	16100	292.74	0	100	0	392.74	
5	何宜霖	女	3500	22	3500	4500	500	0	8500	292.74	0	0	0	292.74	
6	李雨菲	女	3500	22	3500	0	500	0	4000	292.74	0	0	0	292.74	
7	王梓旋	女	3500	20	3300	1200	500	0	5000	292.74	0	0	0	292.74	

图 3.7.9

1号员工实发工资单元格变成"=J4-O4"后，键盘点击"Enter"键得到最终的实发工资数，如图3.7.10。

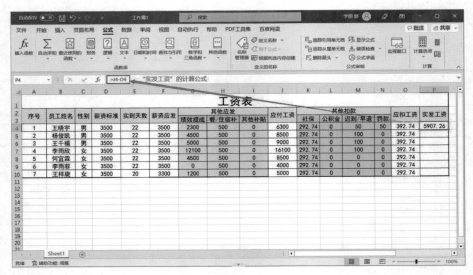

图 3.7.10

按照"图3.7.5"的方法，快速得到所有员工的"实发工资"，如图3.7.11。

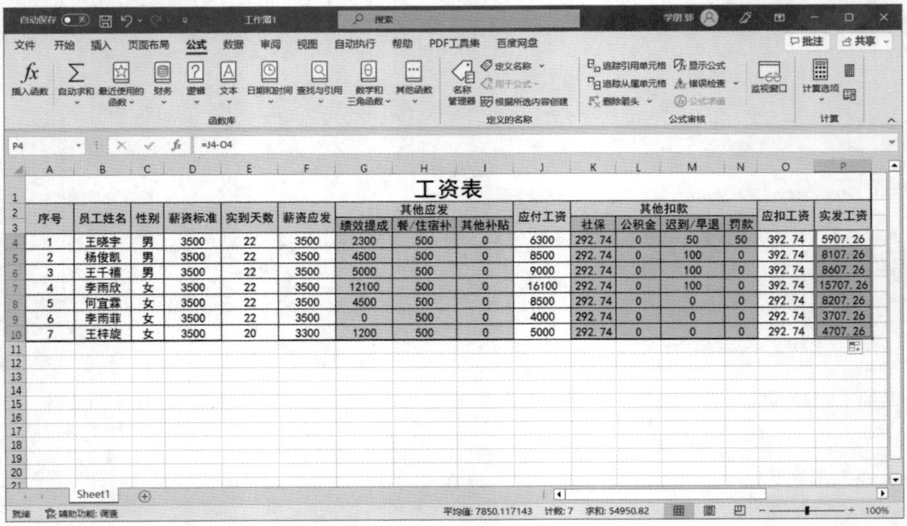

图 3.7.11

第4章
Excel 高效办公实例

4.1　Excel 的图表类型

Excel 中的图标类型有很多，我们可以直接使用 Excel 中的素材进行图表的编辑。我们可以根据不同的数据内容属性选择对应的图表类型予以表达。

Excel 中常见的图表有 15 种，分别为柱形图、折线图、饼图、面积图、条形图、散点图、股价图、雷达图、曲面图、树状图、旭日图、直方图、漏斗图、瀑布图和箱形图。

这里我们选出 10 种基础图形进行讲解，很多图形是在这些基础图形上衍变或延伸出的。

4.1.1　柱形图

在 Excel 中，可以通过"素材栏"直接添加需要的图表类型。选择功能区"插入"选项卡中的"素材"命令组下的"数据图表"命令，如图 4.1.1。

在"数据图表"选项卡中，选择"数据图表"选项中的"图表类型"命令，可以直接插入需要的图表类型。一些不常用的图表类型可以在上面的搜索栏中搜索，如图 4.1.2。

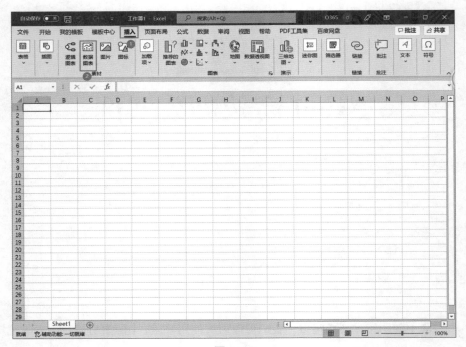

图 4.1.1

图 4.1.2

柱形图是以水平或者垂直的柱状图形表示数值，其中一个轴表示类型，另外一个轴则表示数量等计量单位。柱形图可以直观地反映出不同产品在相同环境下的数量、重量等数据的差别，如图 4.1.3。

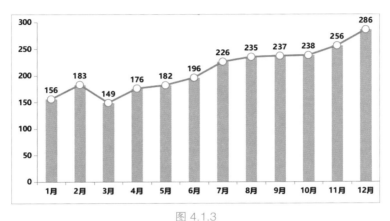

图 4.1.3

4.1.2 　折线图

折线图常用于表现数据在不同时间内增加或减少的变化。我们可以通过观察折线图分析出数据随着时间的变化而变化的规律。例如我们可以通过分析产品每月销售情况折线图，了解产品在几月份是销售旺季，如图 4.1.4。

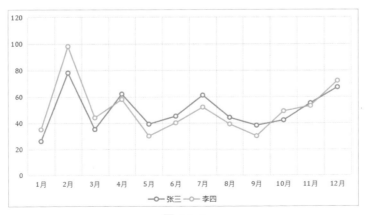

图 4.1.4

4.1.3　饼图

饼图主要分析的是某数据在总体中的占比，饼图显示一个数据系列中各项的大小与各项总和的比例。例如我们可以通过分析饼图得出学生成绩的分布情况，如图4.1.5。

分数段	人数	占比
200以下	3	5%
200-400	12	22%
400-500	20	36%
500-550	10	18%
550-600	8	15%
600以上	2	4%

图 4.1.5

4.1.4　面积图

面积图是在折线图的基础上衍生出来的，面积图将坐标轴以内的面积进行颜色填充，不同颜色的覆盖填充可以更加有利于我们观察不同数据之间的重叠关系。

如下图 4.1.6，橙色部分为重叠部分，上面的黄色部分为排除部分。

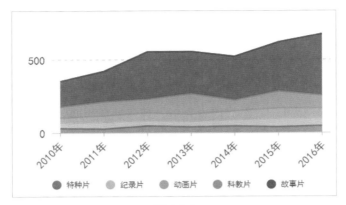

图 4.1.6

4.1.5　条形图

条形图与柱状图很相似，但是它们之间也有区别。条形图利用宽度的增减表述数据的变化，柱形图则利用长度或高度来显示数据的变化。

如图 4.1.7，通过横向宽度的递增关系可以清晰地对比各个行业的占比。

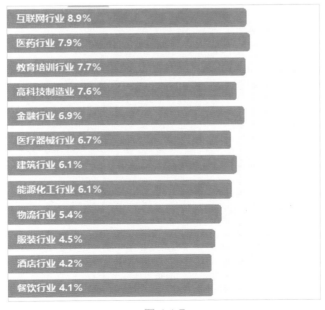

图 4.1.7

4.1.6 散点图

散点图通常用来比较一组或者多组数据在相同条件下的变化趋势。我们将三种数据进行颜色标识区别，然后便可观察三种数据在相同时间点的变化趋势，如图 4.1.8。

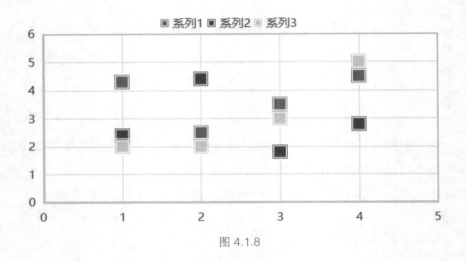

图 4.1.8

散点图通常用于显示和比较数值，当在不考虑时间的情况下，比较大量数据点时，可以使用散点图。散点图中包含的数据越多，比较的效果就越好。

4.1.7 股价图

股价图就是将股票在每天的开盘价、收盘价、最高价、最低价以及涨跌情况绘制成类似于折线图的图形，如图 4.1.9。

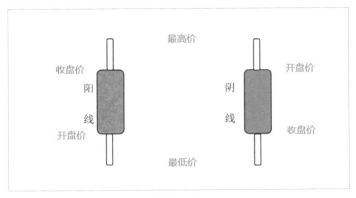

图 4.1.9

　　我们还可以将股价走势情况按照每周或每月绘制成走势图。通过图 4.1.10 可以看出股价在某段时期内的总体走向、涨跌幅度等信息。

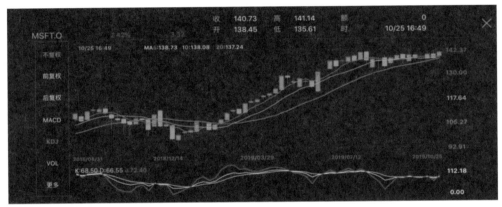

图 4.1.10

4.1.8　曲面图

　　曲面图是将折线图和面积图结合的一种图表。曲面图立体的三个轴向分别表示类型、系列和数值。这是一种三维图形，通过不同的面积与颜色表示数值的变化，如图 4.1.11。

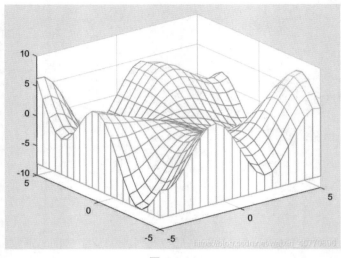

图 4.1.11

4.1.9　树状图

　　树状图全称为矩形树状结构图，树状图可以将数据进行清晰的层次分割，通过这种可视化的图表结构，我们可以有效地分析数据之间的层次关系，如图 4.1.12 是矩形树图。

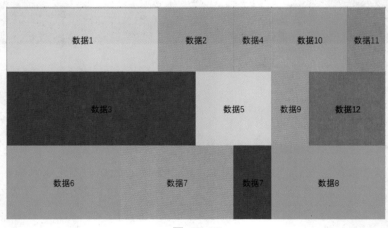

图 4.1.12

4.1.10　旭日图

旭日图类似于饼图，但是其中添加了层次关系，以父子层次结构进行数据分析，相邻的两层数据代表包含关系，离原点越近表示级别越高。如图 4.1.13，在饼图的基础上如果有某些数据可以继续延伸，则可以使用旭日图表示其延续的部分。

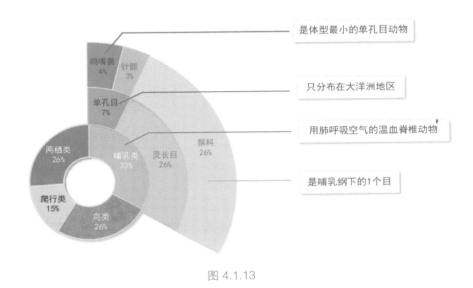

图 4.1.13

4.2　销售额的对比与分析

销售业绩表的作用是将企业不同销售小组和人员的销售情况进行统计。业绩表可以反映不同的销售小组、销售人员在某段时期的销售情况，也可以反应不同产品的销售情况，让公司根据销售情况对产品的销售计划进行调整。

首先，将各销售部门上报的销售情况按照时间和订单编号顺序录入表格，如图 4.2.1。

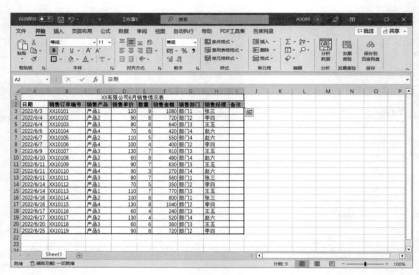

图 4.2.1

鼠标选择编辑区的"销售部门"，在功能区选择"数据"选项卡中的"排序"命令，如图 4.2.2。

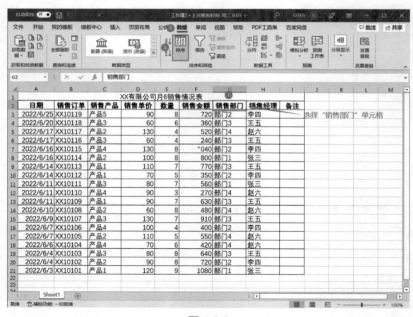

图 4.2.2

在"排序"选项卡中的主要关键字选择"销售部门"选项，如图 4.2.3。

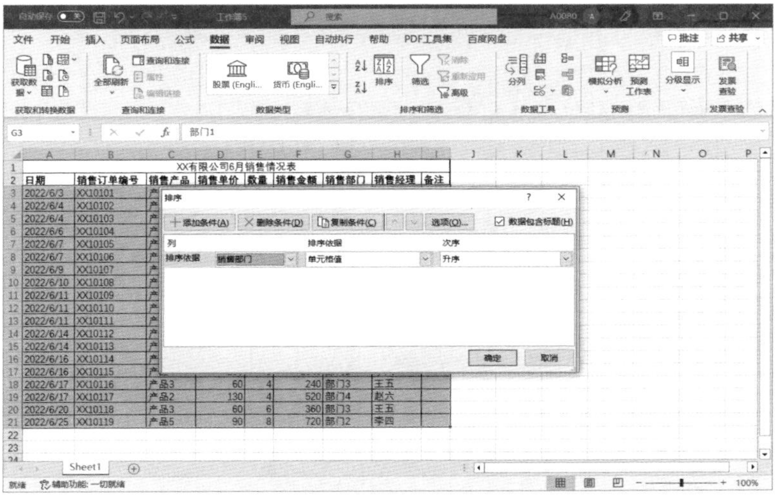

图 4.2.3

按照"销售部门"排序的销售表如下图 4.2.4。

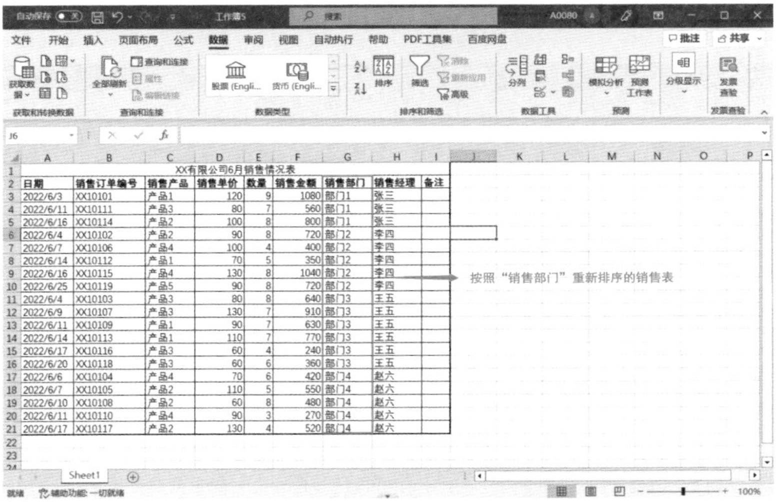

图 4.2.4

选择功能区"数据"选项卡中的"分级显示"命令，在"分级显示"命令中选择"分类汇总"命令，如图 4.2.5。

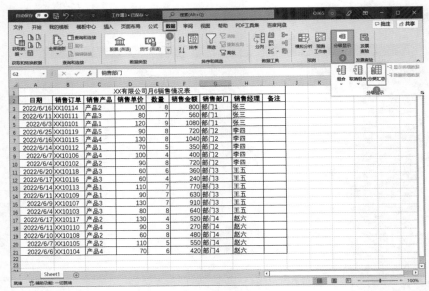

图 4.2.5

在"分类汇总"选项卡中，"分类字段"选择"销售部门"，"汇总方式"选择"求和"，"选定汇总项"选择"销售金额"，如图 4.2.6。

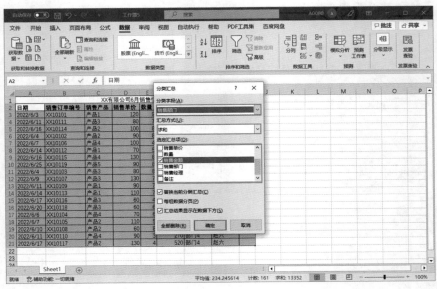

图 4.2.6

分类汇总后的销售表如下图 4.2.7。

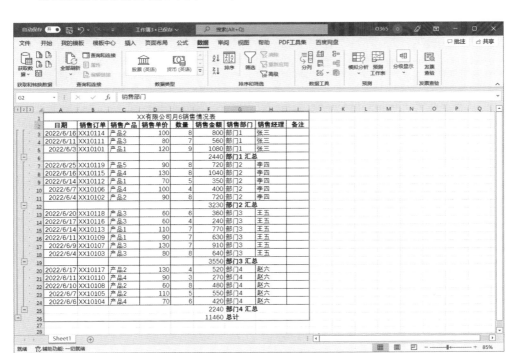

图 4.2.7

现在的销售表是以"销售部门"作为关键字来汇总，我们可以使用同样的方式以销售产品、销售人员、日期等关键字重新汇总销售表。

4.3　工资发放表格的制作

员工的工资表是企业最常用的表格，在统计阶段会把所有员工的工资情况进行汇总，汇总的部分包括员工姓名、部门、基本工资、奖金、应扣部分等内容。由于工资具有私密性，在发放工资时需要将表格分割后再分发到每个员工手里。本节我们学习如何将员工的工资进行汇总，在汇总完毕后再进行分割。

将员工的工资情况导入 Excel 表格中，再利用函数计算工资，如图 4.3.1。

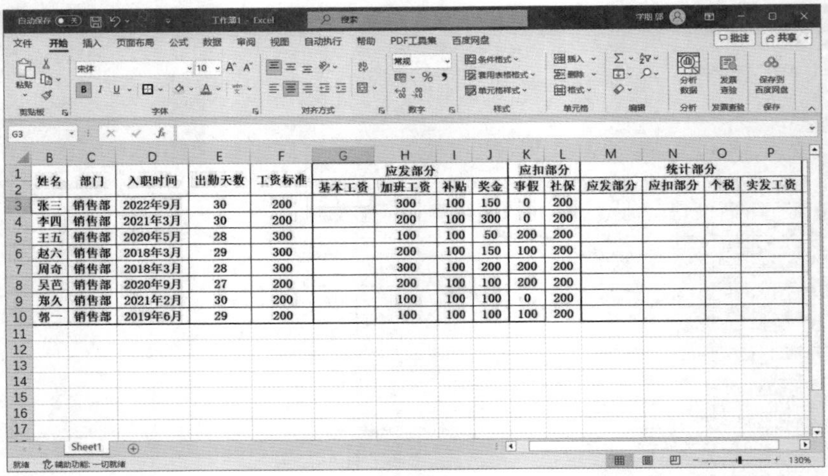

图 4.3.1

姓名	部门	入职时间	出勤天数	工资标准	应发部分				应扣部分		统计部分			
					基本工资	加班工资	补贴	奖金	事假	社保	应发部分	应扣部分	个税	实发工资
张三	销售部	2022年9月	30	200		300	100	150	0	200				
李四	销售部	2021年3月	30	200		200	100	300	0	200				
王五	销售部	2020年5月	28	300		100	100	50	200	200				
赵六	销售部	2018年3月	29	300		200	100	150	100	200				
周奇	销售部	2018年3月	28	300		300	100	200	100	200				
吴芭	销售部	2020年9月	27	200		200	100	100		200				
郑久	销售部	2021年2月	30	200		100	100	100	0	200				
郭一	销售部	2019年6月	29	200		100	100	100	100	200				

首先计算员工的基本工资，员工的基本工资 = 工资标准 * 出勤天数。将鼠标放置到员工张三的基本工资栏中，输入 "=" 号，然后鼠标选择 "E3" 栏，再次输入 "*" 号，再选择 "F3" 栏，最后按 "回车键" 确认，如图 4.3.2。

用鼠标拉拽员工张三的基本工资栏的右下角，如图 4.3.3。

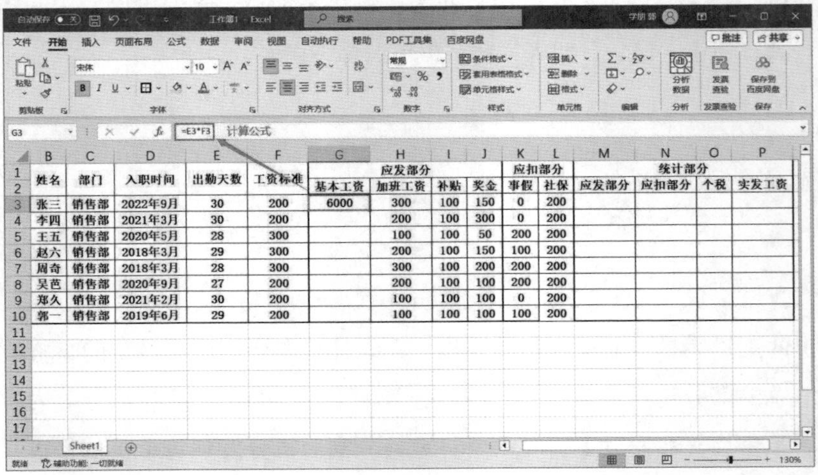

=E3*F3　计算公式

姓名	部门	入职时间	出勤天数	工资标准	应发部分				应扣部分		统计部分			
					基本工资	加班工资	补贴	奖金	事假	社保	应发部分	应扣部分	个税	实发工资
张三	销售部	2022年9月	30	200	6000	300	100	150	0	200				
李四	销售部	2021年3月	30	200		200	100	300	0	200				
王五	销售部	2020年5月	28	300		100	100	50	200	200				
赵六	销售部	2018年3月	29	300		200	100	150	100	200				
周奇	销售部	2018年3月	28	300		300	100	200	100	200				
吴芭	销售部	2020年9月	27	200		200	100	100		200				
郑久	销售部	2021年2月	30	200		100	100	100	0	200				
郭一	销售部	2019年6月	29	200		100	100	100	100	200				

图 4.3.2

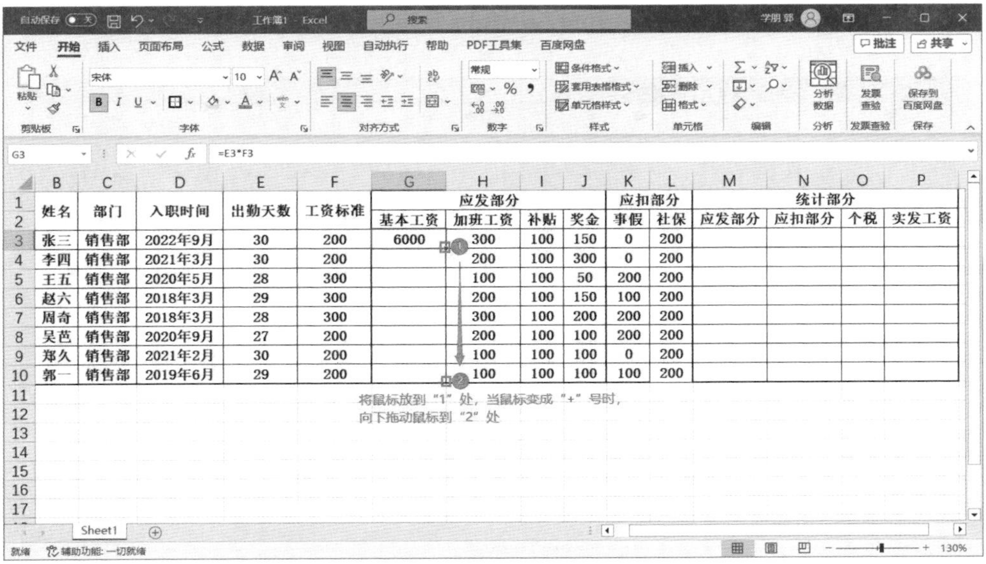

图 4.3.3

计算完成后，其他员工的基本工资如图 4.3.4。

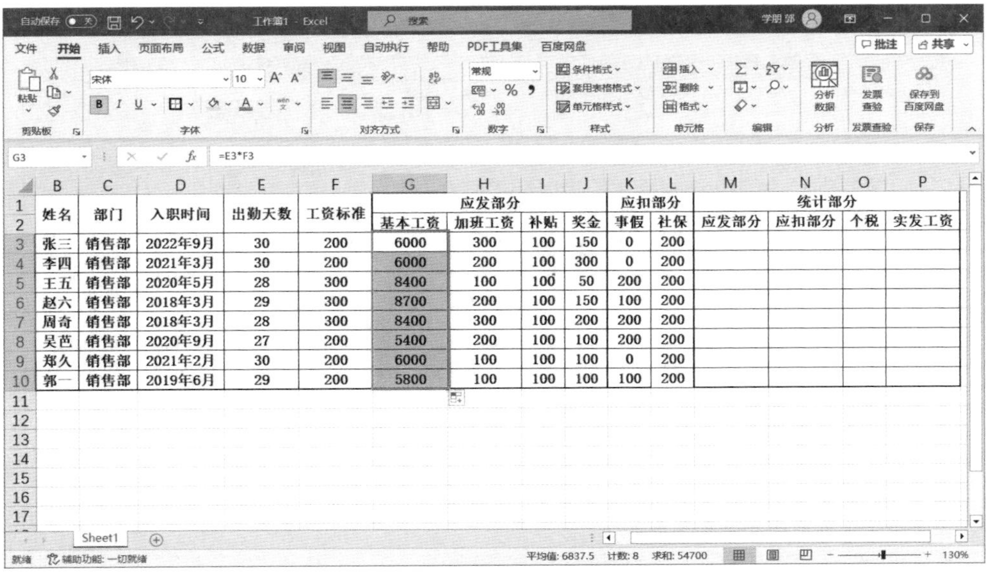

图 4.3.4

按照同样的方法计算出应发部分与应扣部分的工资，如图 4.3.5。

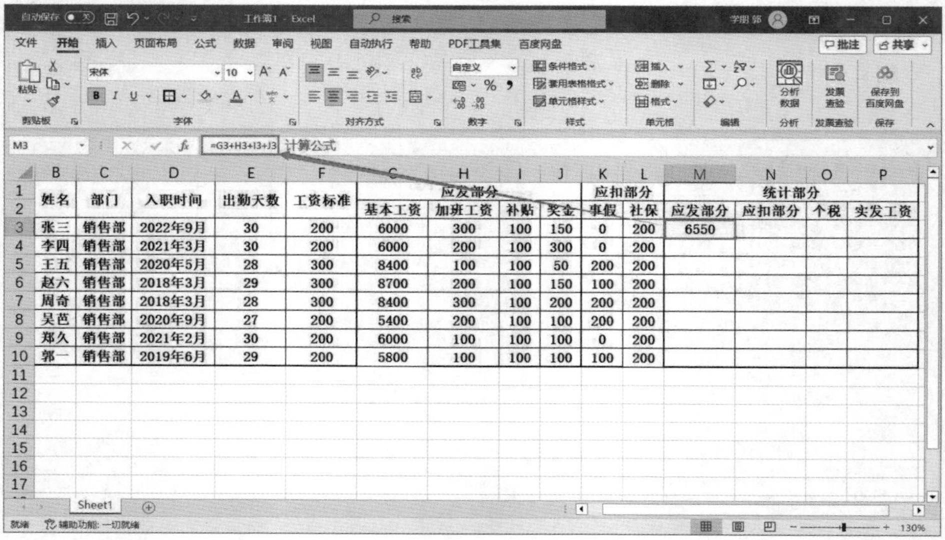

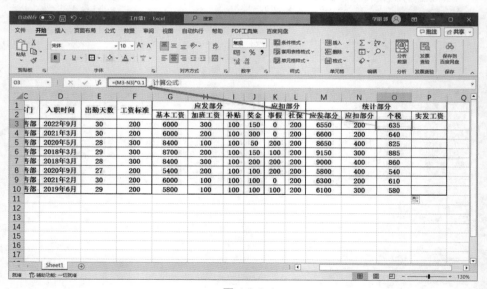

图 4.3.5

按照计算方式计算出应缴个税，如图 4.3.6。

图 4.3.6

最后计算出实发工资，如图 4.3.7。

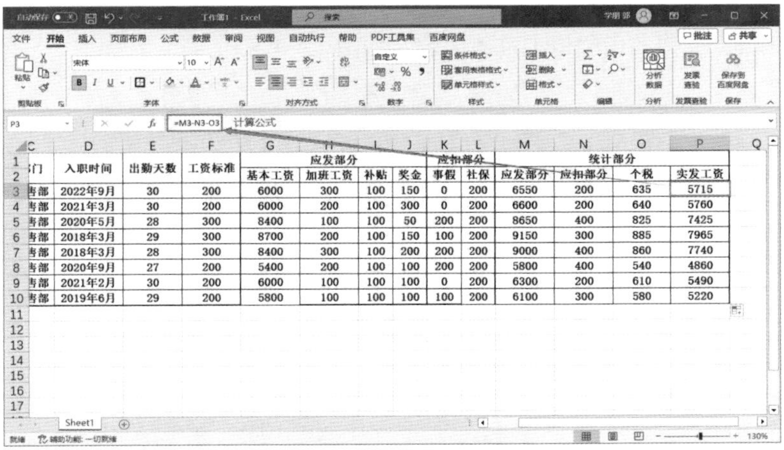

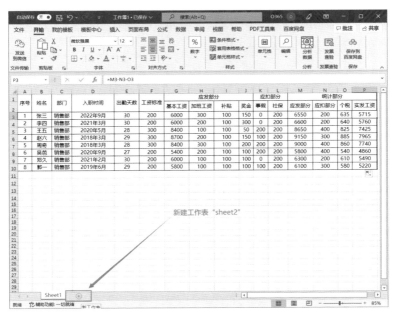

图 4.3.7

当我们完成工资汇总后，需要制作每个员工的工资条。首先新建一个工作表，在页面左下角工作表"sheet1"旁边点击新增工作表符号"⊕"，如图 4.3.8。

图 4.3.8

　　按照汇总的内容在"sheet2"工作表中重新绘制工资表内容。将纸张方向进行调整，在功能区"页面布局"选项卡中选择"纸张方向"命令，在"纸张方向"命令下选择"横向"，调整后编辑工资表内容，如图 4.3.9。

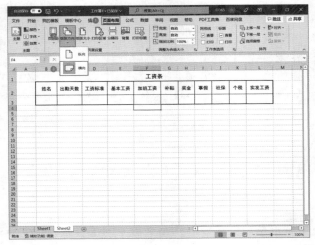

图 4.3.9

　　将"sheet1"工作表中的工资表内容复制到"sheet2"工作表中，按照顺序进行复制即可得到员工工资条。如图 4.3.10。

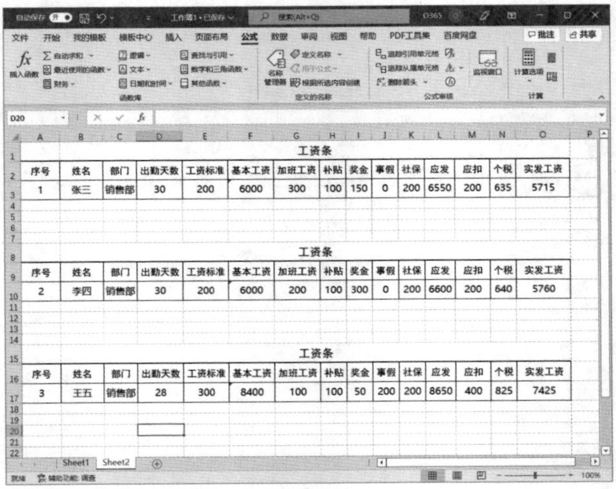

图 4.3.10

4.4　公司库存管理表的制作

　　库存管理表是公司管理商品进销货的清单，清单的主要组成部分包括商品的名称、规格、单位、库存等。公司的库存在记录时一般都会以进销的时间为基础，这样就会造成库存管理表比较混乱。本节我们学习如何将库存管理表进行归纳筛选，快速地通过不同条件筛选出需要的信息。

　　首先，导入以时间顺序记录的库存管理清单，然后给清单添加筛选功能。在功能区"开始"选项卡中选择"排序和筛选"命令，在"排序和筛选"命令中选择"筛选"命令，如图 4.4.1。

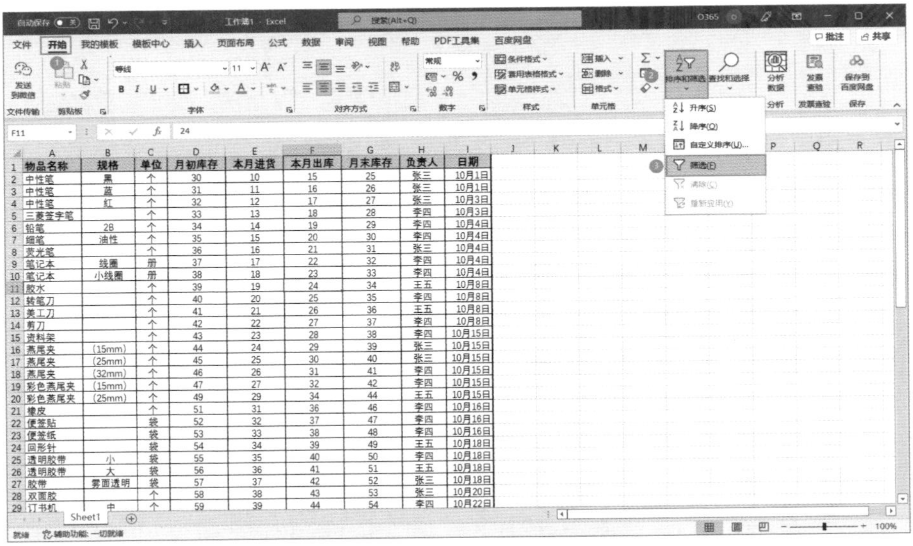

图 4.4.1

　　当清单进入筛选状态时，在清单上方的关键词后会出现新的图标"▽"，接下来我们就可以根据关键词的不同筛选出不同的内容。例如我们需要调出本月产品中"中性笔"的库存情况。点击"物品名称"栏后面的图标"▽"，在下拉列表中点击"全选"前的"√"取消全选，如图 4.4.2。

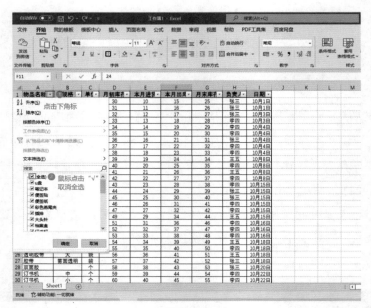

图 4.4.2

在清单中找到我们需要的商品"中性笔"，如图 4.4.3。

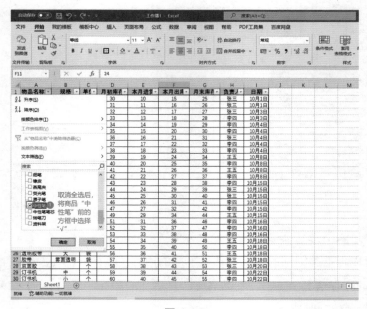

图 4.4.3

我们选择后会发现编辑区只剩下"中性笔"的产品信息，如图 4.4.4。

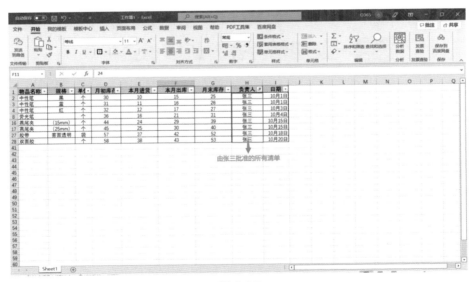

图 4.4.4

我们可以使用同样的方法筛选出不同负责人批准的所有清单，如图 4.4.5。

图 4.4.5

同样，也可以筛选出某日库存的进、销、存情况，如图 4.4.6。

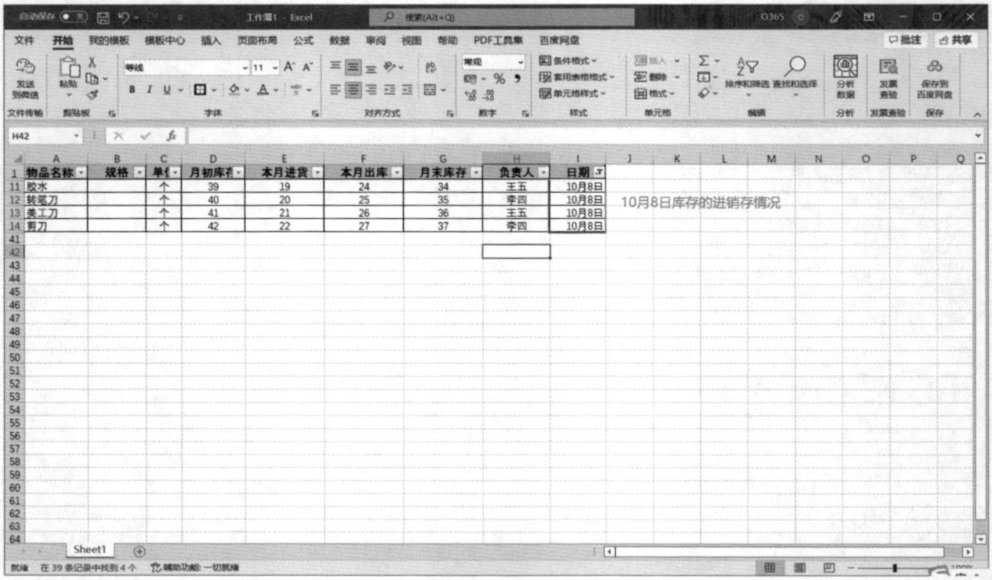

图 4.4.6

4.5　使用切片器分析数据透视表

切片器的功能就是详细分析添加了数据透视表的图表。图表的数据比较庞大时，在分析数据方面会比较麻烦，切片器可以调出特定的数据进行分析，使数据更加简洁直观。

首先点击数据透视表，在功能区选择"插入"选项卡中的"数据透视表"命令，在"数据透视表"下选择"表格和区域"命令，如图 4.5.1。

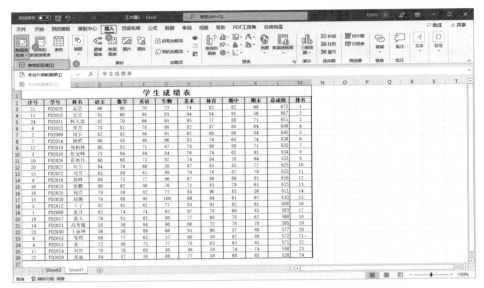

图 4.5.1

在弹出的"数据透视表"选项卡中调整选择区域，并且在"选择放置数据透视表的位置"选择"新工作表"，如图 4.5.2。

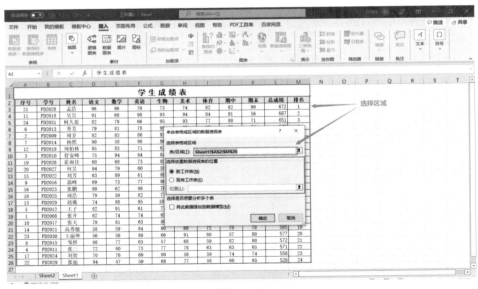

图 4.5.2

在新的"数据透视表字段"中选择需要进行比对的字段，如图 4.5.3。

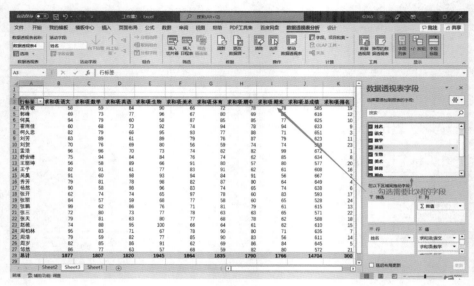

图 4.5.3

在功能区"插入"选项卡中选择"切片器"命令，如图 4.5.4。

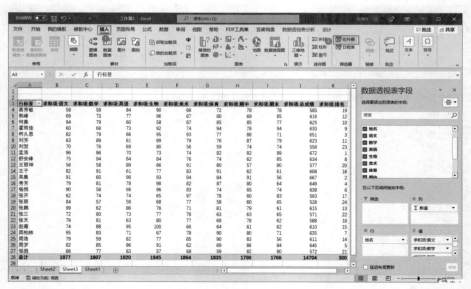

图 4.5.4

在"插入切片器"选项卡中选择"姓名"关键词，如图 4.5.5。

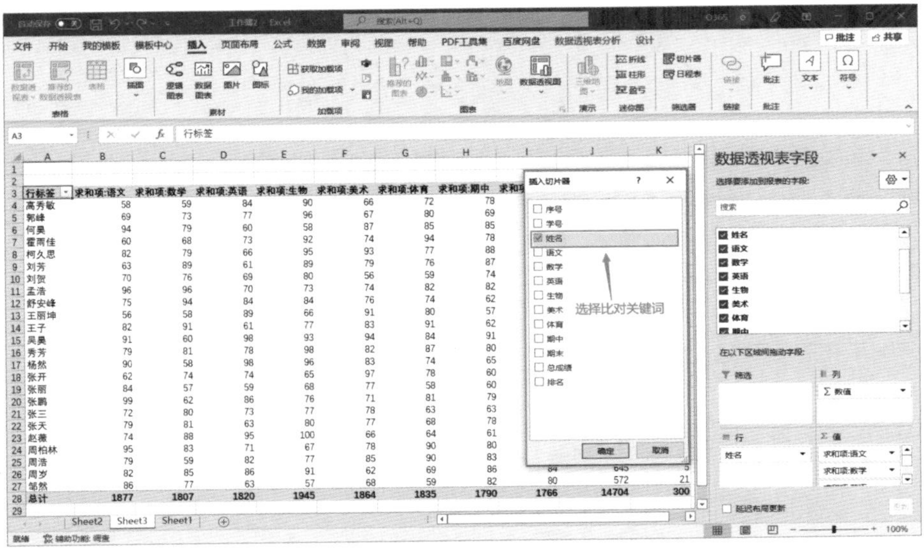

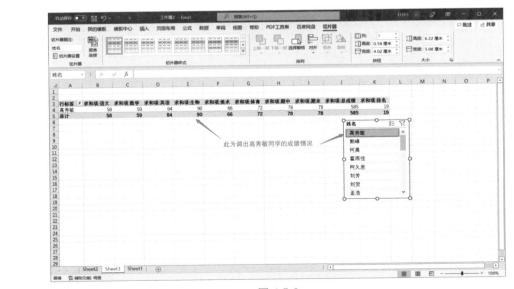

图 4.5.5

在弹出的切片器中就可以根据需要调出每个学生的成绩情况，如图 4.5.6。

图 4.5.6

　　同时，也可以在切片器中选择"多选"功能，进行数据对比，如图 4.5.7。

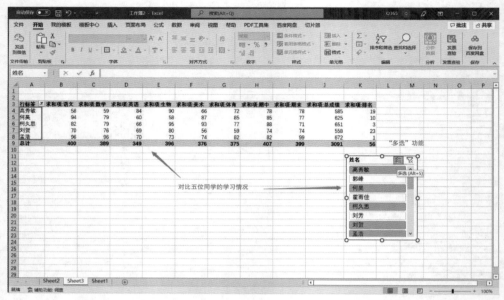

图 4.5.7

Part 3
PPT 办公应用攻略

第5章

PPT 的基本功能与应用

5.1 PPT 基础功能认知

PPT 全称为 PowerPoint，是一款可以制作文字、图片、声音、影片、表格、图表和动画的动态演示文稿。PPT 广泛应用于课件的制作、产品的宣传、公司的培训等。制作完成的动态演示文稿可以通过多种方式进行播放，也可以打印出来制作成册，用于宣传与分享。

PPT 界面分为快速访问工具栏、标题栏、窗口按钮、选项卡、功能区、编辑区、幻灯片列表、状态栏，如图 5.1.1。

图 5.1.1

PPT 的基础功能主要为元素的插入、动画、切换、设计、幻灯片的放映等。一般完整的演示文稿包括片头、封面、前言、目录、过渡页、文字页、动画页、片尾等内容。组合成每个单页的元素可以是文字、视频、音频等。

完整的 PPT 制作流程包括素材的准备、方案的确定、框架的设计、细节的装饰和内容的播放。

5.1.1　素材的准备

PPT 的素材包括音频、视频、图像和文字等文件。充足的素材库可以让 PPT 更加美观，如图 5.1.2。

图 5.1.2

5.1.2　方案的确定

方案就是我们做 PPT 的初衷。我们需要清楚这个 PPT 想要表达的内容是什么，通过哪些方式和步骤可以让内容完美地表达出来。

5.1.3　框架的设计

框架定义了 PPT 的画风、颜色比重、内容的布局等。根据确定的方案将主次内容依次表达出来，如图 5.1.3。

图 5.1.3

5.1.4　细节的装饰

框架布局完成后还需要进行细节装饰，例如字体的属性设置、图片的裁剪美化、视频的滤镜、切换的方式等，如图 5.1.4。

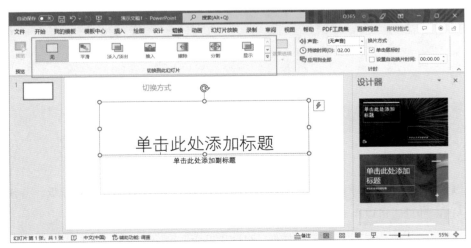

图 5.1.4

5.1.5　内容的播放

　　PPT 的播放需要根据播放场景和环境的不同进行适时的调整。常用的播放方式有三种，分别为常规放映、控制放映和自定义放映。常规放映就是"从头开始"放映，按照幻灯片的顺序进行逐页播放；控制放映是我们可以在 PPT 中任选一页"从当前幻灯片开始"；自定义播放就是我们将 PPT 中想要播放的内容进行二次筛选，然后只播放这些筛选后的幻灯片，如图 5.1.5。

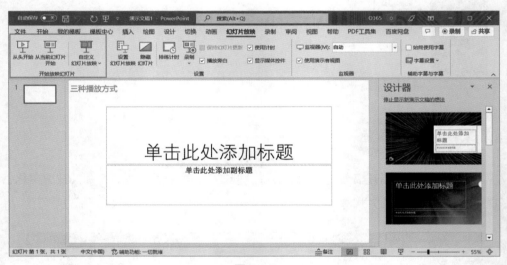

图 5.1.5

5.2　PPT 母版的设计与制作

　　PPT 一般有四种母版形式，分别为幻灯片母版、标题母版、讲义母版、备注母版。这四种母版可以用来统一整个 PPT 的播放格式和风格。

　　功能区选择"视图"选项卡中的"幻灯片母版"命令，如图 5.2.1。

图 5.2.1

在幻灯片母版设计界面中，左侧是幻灯片母版列表，我们可以对母版列表的内容与顺序进行设计，如图 5.2.2。

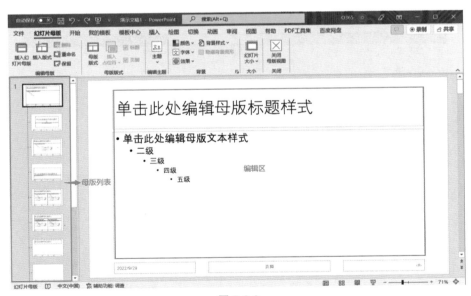

图 5.2.2

在编辑区选中需要编辑的文本内容，鼠标右键选择"字体"，如图 5.2.3。

图 5.2.3

进入"字体"选项卡后，可以对文本样式进行编辑，如图 5.2.4。

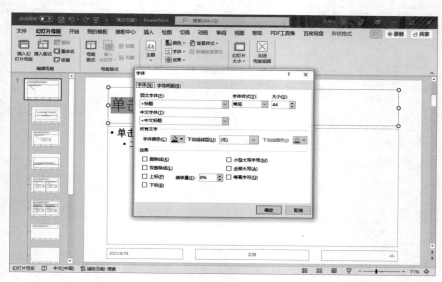

图 5.2.4

选择功能区"幻灯片母版"选项卡中的"插入幻灯片母版"命令，可以直接插入新的幻灯片母版，如图5.2.5。

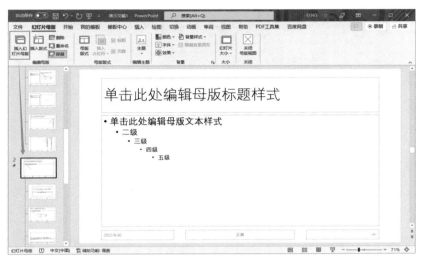

图 5.2.5

选择功能区"幻灯片母版"选项卡中的"插入版式"命令，可以直接插入新的幻灯片版式，如图5.2.6。

图 5.2.6

选择功能区"幻灯片母版"选项卡中的"插入占位符"命令，可以插入文本、图片等内容，如图 5.2.7。

图 5.2.7

选择功能区"幻灯片母版"选项卡中的"主题"命令，可以修改整个母版的主题，包括文字样式、颜色风格等内容，如图 5.2.8。

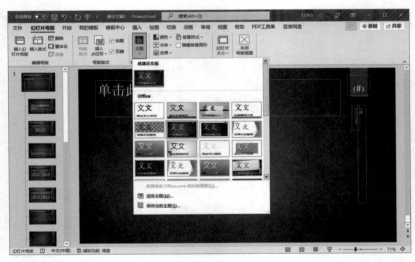

图 5.2.8

功能区"幻灯片母版"选项卡中的"背景"命令组中可以对母版进行颜色、背景样式、字体样式、效果等内容的编辑，如图 5.2.9。

图 5.2.9

选择功能区"幻灯片母版"选项卡中的"幻灯片大小"命令，可以修改母版的尺寸大小。系统默认的幻灯片大小是标准的 4∶3 和宽屏的 16∶9 两种方案，我们也可以自定义幻灯片的大小，如图 5.2.10。

图 5.2.10

所有的内容编辑完成后直接对母版进行保存即可，下次可以直接打开我们设计好的母版进行编辑。

5.3   **PPT 的排版设计**

优秀的 PPT 作品需要在排版上面下很大的功夫，两个不同的设计师面对同样的素材库制作出来的 PPT 作品也会有伯仲之分。

选择功能区"开始"选项卡中的"版式"命令，根据需要在下列版式列表中选择版式样式，如图 5.3.1。

图 5.3.1

版式中的标题和文本部分可以直接在"字体"和"段落"选项卡中进行设计，如图 5.3.2。

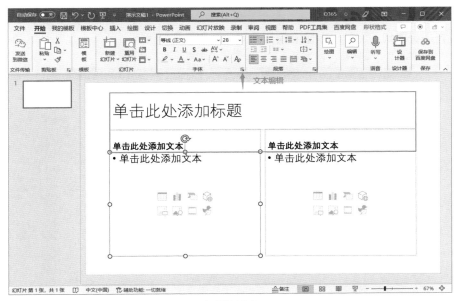

如图 5.3.2

在编辑区可以添加表格、图表、SmartArt 3D 模型、图片和视频等素材，如图 5.3.3。

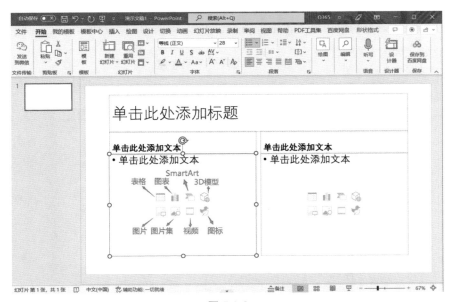

图 5.3.3

　　在幻灯片列表中第一个幻灯片上点击鼠标右键可以对其进行编辑，比如对幻灯片内容进行剪切、复制、删除和换版式等，如图 5.3.4。

图 5.3.4

　　在幻灯片列表的空白处点击鼠标右键，可以新建幻灯片或者粘贴已复制的幻灯片到此处，如图 5.3.5。

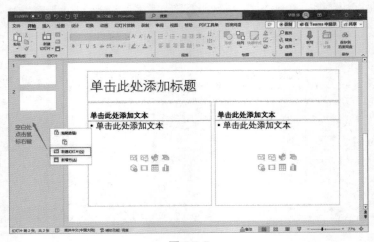

图 5.3.5

优秀的 PPT 作品需要注意排版的技巧与原则，通常来说排版有六个原则，分别是对齐、聚拢、对比、重复、强调、留白。经过六原则的处理会让整个版面变得简洁美观。

对齐原则：同级别必对齐、同类型必对齐。

聚拢原则：相同内容部分要聚拢在一个区域当中，不同的区域汇聚成总纲。

对比原则：将不同元素放到同样的环境下进行对比，这样会提升画面的视觉冲击，让画面变得更加生动与直观。

重复原则：排版多页面 PPT 内容时，整体要保持一个连贯性，比如每张页面尽量使用同属性背景、同样式字体等，并且要在重要内容上重复展示。

强调原则：整体画面颜色要均匀不要多、字数要满不要密、图形要合理不要杂。

留白原则：整体画面要留白，不要将内容铺满编辑区，更不要画蛇添足。留白可以突出内容重点，也可以减少画面的密集程度。

5.4　动画的应用

优秀的 PPT 作品不仅要在内容与素材上下功夫，也要在动画效果上做足文章。

PPT 的动画有自定义动画与切换效果动画两种，自定义动画又分为四种动画效果，分别为进入、强调、退出、动作路径。

5.4.1　进入动画效果

首先选择需要添加动画效果的素材，然后选择功能区"动画"选项卡中的"添加动画"命令，在"添加动画"命令下选择"进入"效果组中的动画效果，如图 5.4.1。

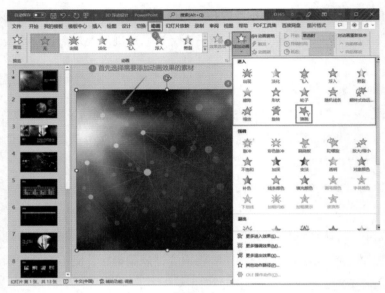

图 5.4.1

选择完"弹跳"进入效果后，在"计时"选项卡中设置开始条件持续时间与延迟时间，如图 5.4.2。

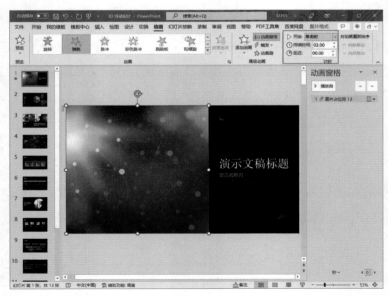

图 5.4.2

5.4.2　强调动画效果

首先选择需要添加动画效果的素材，然后选择功能区"动画"选项卡中的"添加动画"命令，在添加动画命令下选择"强调"效果组中的动画效果，如图 5.4.3。我们也可以在"添加动画"命令下选择"更多强调效果"命令，选择更多的效果。

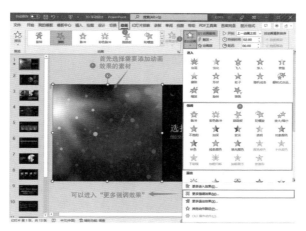

图 5.4.3

强调动画效果有基本型、细微型、温和型和华丽型四种效果，这些效果可以使素材进行大小的变换和旋转等效果，如图 5.4.4。

图 5.4.4

5.4.3　退出动画效果

首先选择需要添加动画效果的素材，然后选择功能区"动画"选项卡中的"添加动画"命令，在"添加动画"命令下选择"退出"效果组中的动画效果，如图5.4.5。

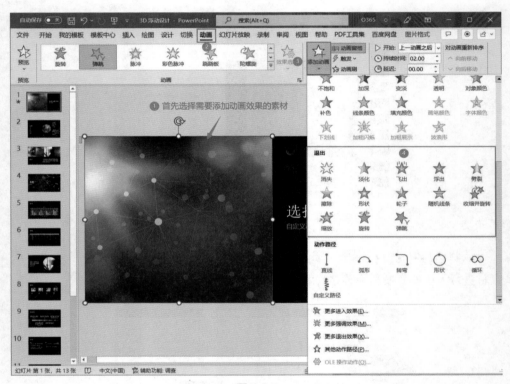

图 5.4.5

退出动画效果有基本型、细微型、温和型三种。这些效果可以在页面退出或被切换时给人不同的视觉效果，可以是快速的退出或者温和退出，如图 5.4.6。

图 5.4.6

5.4.4　动作路径动画效果

首先选择需要添加动画效果的素材，然后选择功能区"动画"选项卡中的"添加动画"命令，在"添加动画"命令下选择"动作路径"效果组中的动画效果，如图 5.4.7。

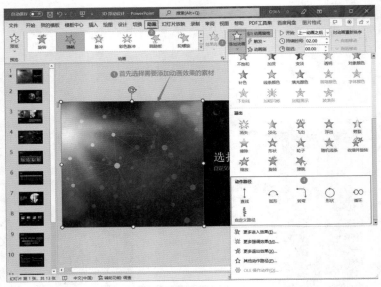

图 5.4.7

动作路径动画效果有基本型、直线和曲线型两种。给素材添加不同的"动作路径"动画效果可以让素材沿着基本的图形运动或者沿着"线性"运动，如图 5.4.8。

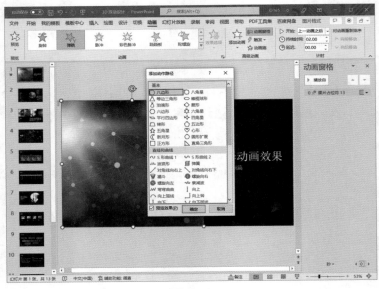

图 5.4.8

PPT 中的另外一种动画效果是切换效果，切换效果是整页的幻灯片切换到下一页时我们可以选择的动画效果。

在功能区"切换"选项卡中选择"切换到此幻灯片"命令，选择命令组下的切换效果即可，如图 5.4.9。我们也可以点击命令栏右下角的"更多"可以得到更多的切换效果。

图 5.4.9

切换效果分为三种，分别为细微、华丽和动态内容，我们可以根据不同页面的属性进行页面之间的切换，如图 5.4.10。

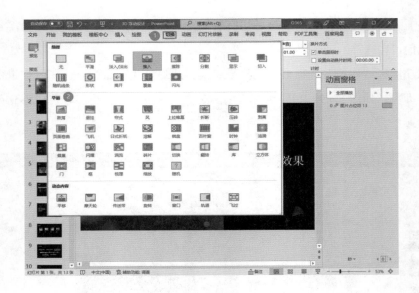

图 5.4.10

在选择切换效果时，可以选择右侧的"效果选项"中的具体切换方向，同时可以添加切换声音以及换片方式等效果，如图 5.4.11。

图 5.4.11

5.5　PPT 模板使用技巧

PPT 提供了"模板中心"功能,我们可以使用模板中心提供的 PPT 模板直接进行编辑。

在功能区"模板中心"选项卡中可以根据需要选择适配的模板,模板类型包括总结计划类、教育教学类、宣传培训类等。如果没有匹配的类别,还可以在搜索区域直接搜索需要的模板样式,如图 5.5.1。

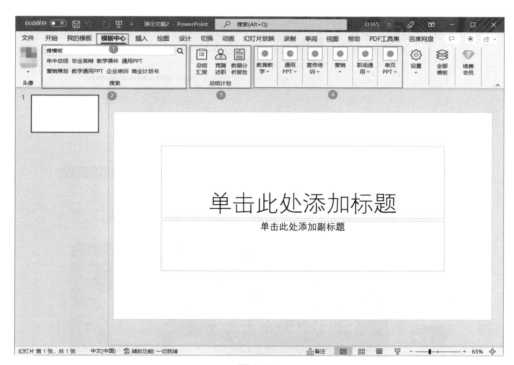

图 5.5.1

进入"模板中心"选项卡,在其中可以根据需要挑选 PPT 模板,选择后直接导入即可,如图 5.5.2。

图 5.5.2

在导入的 PPT 模板中按照自己的需求进行编辑即可，如图 5.5.3。

图 5.5.3

5.6　PPT 的成功演示

编辑完成 PPT 的内容，只是完成了一部分的工作，接下来的重点是将其成功地演示出来。PPT 的放映方式有三种，分别是常规放映、控制放映和自定义放映。PPT 的放映类型也被分成三种，分别为演讲者放映、观众自行浏览和展台预览。由于放映环境与演讲者身份的不同，有时还需要对 PPT 的放映参数进行设置。

5.6.1　放映方式

常规放映：常规放映的特点是便捷简单，整个 PPT 在演示过程中不需要进行任何操作，PPT 会根据预设的放映方式进行演示。

选择功能区"幻灯片放映"选项卡中的"从头开始"命令，让演示文稿从第一页开始演示，如图 5.6.1。

图 5.6.1

开始播放后，幻灯片会进入全屏播放模式，在幻灯片左下方会出现控制按钮，可以根据需要将幻灯片的播放参数进行调整，如图 5.6.2。

图 5.6.2

控制放映：控制放映的特点是放映方式比较灵活，可以根据放映环境的不同灵活调整演示的内容。在幻灯片列表中选择其中一张，便可以从当前页进行播放。

在幻灯片列表中选择一页幻灯片，然后在功能区"幻灯片放映"选项卡中选择"从当前幻灯片开始"命令，演示文稿便从当前页开始演示，如图 5.6.3。

图 5.6.3

开始播放后，幻灯片会进入全屏播放模式，在幻灯片左下方会出现控制按钮，可以根据需要将幻灯片的播放参数进行调整，如图 5.6.4。

图 5.6.4

自定义放映：自定义放映的特点是可以按需播放，根据现场环境的不同进行 PPT 演示的重新编辑。自定义放映可以将 PPT 中的若干页进行单独播放，将整个 PPT 进行分割演示。

在功能区"幻灯片放映"选项卡中选择"自定义幻灯片放映"命令，如图 5.6.5。

图 5.6.5

在"自定义放映"选项卡中选择"新建"命令，如图 5.6.6。

图 5.6.6

在"定义自定义放映"选项卡左侧演示文稿幻灯片列表中选中需要播放的幻灯片，点击"添加"命令，在右侧自定义放映栏中会出现选中的需要放映的幻灯片编号，如图 5.6.7。

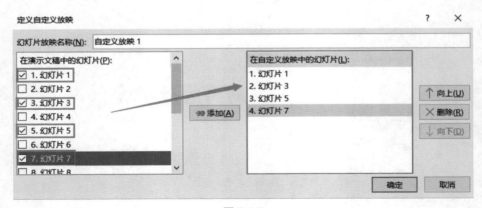

图 5.6.7

在"自定义放映"选项卡中选择"放映"命令进行播放，或者选择"编辑"对自定义列表进行重新编辑，如图 5.6.8。

图 5.6.8

5.6.2　放映类型

PPT 的三种放映类型可以根据放映环境的不同进行调整。

演讲者放映：演讲者放映是一种全屏播放的放映类型，该方式是由演讲者全权掌握播放权，可以对 PPT 的放映进行播放、暂停、标记等操作，此类型有很强的灵活性，也被称为手动放映方式。

观众自行预览：观众自行预览是一种标准屏幕放映类型，该方式可以由观众自行通过幻灯片菜单选择放映、暂停、打印等操作，但是不能通过鼠标操作改变放映方式，只能自动放映或者滚动放映，也被称为交互式放映。

展台预览：展台预览是一种全屏播放的放映类型，该方式和演讲者放映比较相

似，但是不同的地方是展台预览放映中途不能停止，只能根据 PPT 预设的播放速度
进行播放，也被称为自动放映方式。

选择功能区"幻灯片放映"选项卡中的"设置幻灯片放映"命令，在"设置放
映方式"选项卡中可以直接选择不同的放映类型，如图 5.6.9。

图 5.6.9

第6章

PPT 高效办公实战

6.1 工作总结 PPT 的制作与设计

工作总结报告一般会利用 PPT 来展示，内容包括工作目标、过程以及结果等信息。规整简洁的工作报告有利于企业对员工工作进度的掌握。

首先需要创建工作总结演示文稿，进入 PPT 在"开始"选项卡中选择创建"空白演示文稿"，如图 6.1.1。

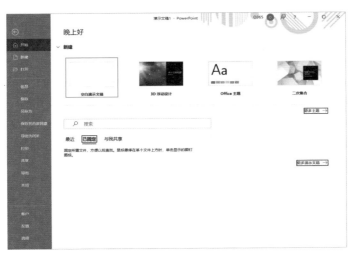

图 6.1.1

在"开始"选项卡中，选择"新建幻灯片"命令中的"空白"文稿，如图 6.1.2。

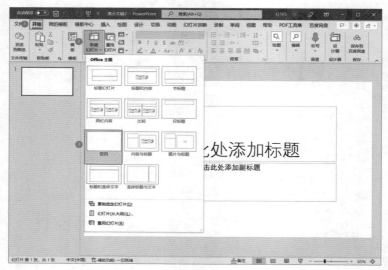

图 6.1.2

进入幻灯片中，鼠标点击编辑区的页面，键盘按"Ctrl+A"全部选取，然后按"Delete"删除编辑区所有内容，如图 6.1.3。

图 6.1.3

在功能区"插入"命令下选择"插图"中的"形状"命令，在"形状"中的"基本形状"中选择"圆形"，如图 6.1.4。

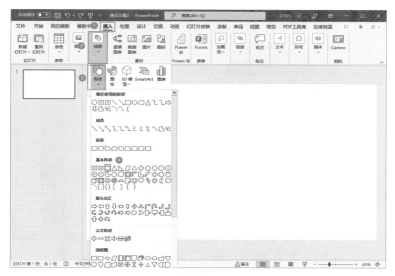

图 6.1.4

键盘按住"Alt"键，创建"圆形"放置到编辑区，如图 6.1.5。

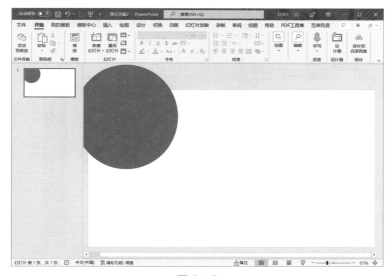

图 6.1.5

按照同样的方法在封面创建不同颜色和形状的图形，如图 6.1.6。

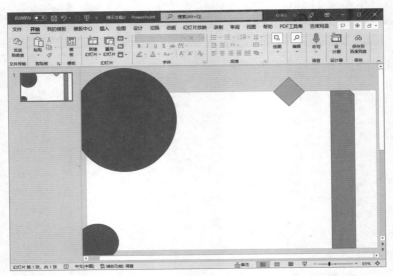

图 6.1.6

在功能区"插入"选项卡中选择"图像"中的"图片"命令，在"图片"中选择"此设备"，如图 6.1.7。

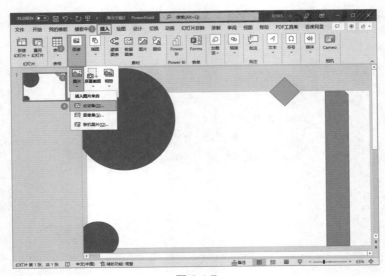

图 6.1.7

插入图片放置到编辑区，如图 6.1.8。

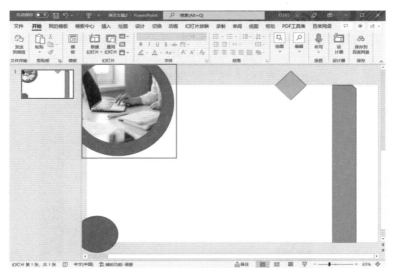

图 6.1.8

　　在功能区"插入"选项卡中选择"文本"选项中的"文本框"，然后选择"绘制横排文本框"命令，如图 6.1.9。

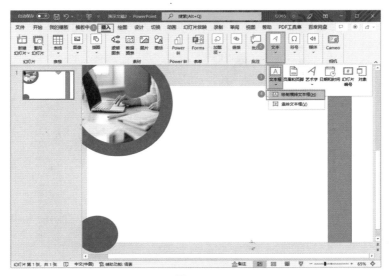

图 6.1.9

　　根据实际情况在编辑区编辑需要的文字，字体与段落设置可以在"开始"选项卡中进行设置，如图 6.1.10。

图 6.1.10

　　封面设置好后，在幻灯片列表中点击鼠标右键新建幻灯片，如图 6.1.11。

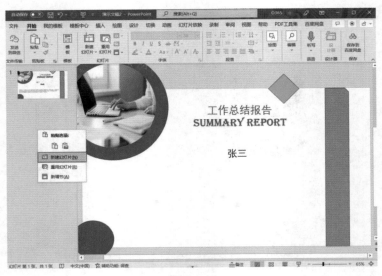

图 6.1.11

按照封面设置将内容页进行设置，如图 6.1.12。

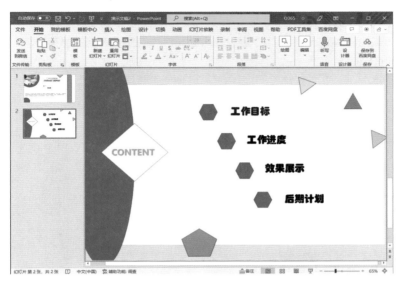

图 6.1.12

接下来，按照工作报告的结构对每项工作进行详细报告设置，如图 6.1.13。

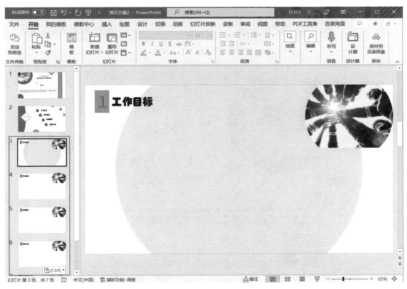

图 6.1.13

　　最后是报告尾页的设置，一般情况下首页和尾页最好保持一致，将报告首页复制，粘贴到最后的位置，如图 6.1.14。

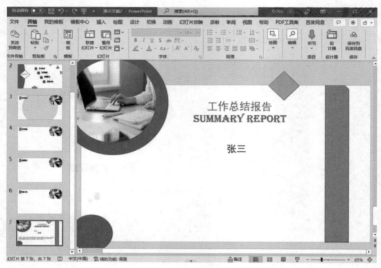

图 6.1.14

　　将内容改为结束语，便完成了整个 PPT 的制作，如图 6.1.15。

图 6.1.15

6.2　产品宣传推广 PPT 的制作与设计

产品宣传推广 PPT 是公司向外界介绍公司产品时使用的重要文件，文件内容包含产品简介、特点、荣誉、市场情况等内容。

产品宣传推广的 PPT 可以使用模板进行编辑，在功能区"模板中心"选项卡中选择"职场通用"命令中的"产品发布会"命令，如图 6.2.1。

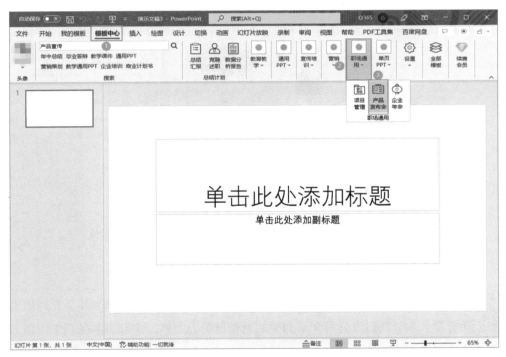

图 6.2.1

在模板中心选择一款合适的产品介绍 PPT 模板，如图 6.2.2。

图 6.2.2

6.3　公司介绍 PPT 的制作与设计

　　PPT 中页面的切换、LOGO 的添加、文字的描述都可以加入动画效果，使画面更加生动有趣。本节我们以公司介绍 PPT 的制作过程为案例，学习如何在 PPT 中加入生动的动画切换效果。

　　首先，打开完成内容绘制的 PPT 文件，选择首页幻灯片，在功能区"切换"命令中选择"分割效果"，如图 6.3.1。

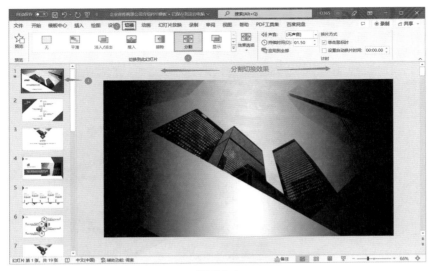

图 6.3.1

选中公司 LOGO，然后在功能区"动画"命令中选择"浮入"效果。LOGO 左上角会显示数字"1"，代表已经添加过动画效果并且会是第一个播放，如图 6.3.2。

图 6.3.2

在点击"动画效果 1"的基础上，选择功能区"动画"选项卡中的"动画刷"命令，然后点击公司名称就可以将同样的动画效果赋予上去，如图 6.3.3。

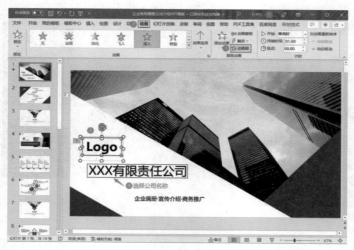

图 6.3.3

按照同样的方法对首页幻灯片进行动画编辑，最终会看到添加完动画效果的元素都会在左侧显示数字，代表播放时的播放顺序。在幻灯片列表中点击幻灯片数字下的星星符号可以直接预览效果，如图 6.3.4。

图 6.3.4

　　选择第二页幻灯片目录页，在功能区中选择"切换"选项卡中的"推入"命令，并且在后面的"效果选项"中选择"自底部"。此时设置的是首页幻灯片切换到目录页幻灯片时的效果，如图6.3.5。

图 6.3.5

　　选择数字"01"然后在功能区"动画"选项卡中选择"弹跳"效果，如图6.3.6。

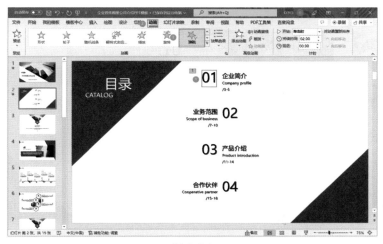

图 6.3.6

171

选择文字"企业简介"，在功能区"动画"选项卡中选择"淡化"，如图 6.3.7。

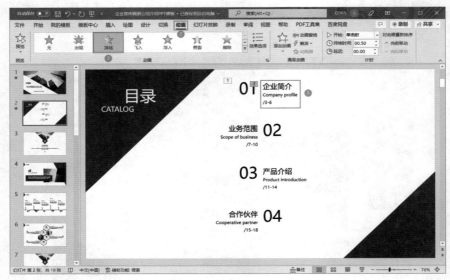

图 6.3.7

在"计时"栏中，将"持续时间"调整为"01.50"，减慢淡化速度，如图 6.3.8。

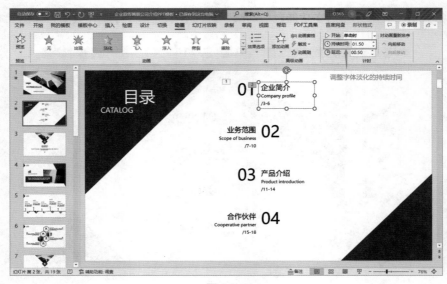

图 6.3.8

　　按照同样方法用动画刷将下面的内容应用相同的动画效果，需要注意的是，动画显示顺序很重要，用动画刷时需要根据实际情况交叉使用动画刷，如图 6.3.9。

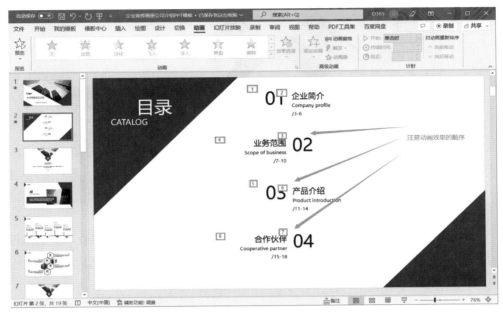

图 6.3.9

　　剩下的内容可以根据实际情况添加幻灯片之间的动画切换效果以及内容出入的动画效果。

6.4　PPT 的放映设置

　　项目汇报是公司常用的会议内容 PPT，内容包括项目的筹备、实施、进度、问题、结果等，这种类型的 PPT 大部分需要在投影仪的辅助下完成汇报。

　　通常情况下项目的汇报内容会比较多，所以可以在整篇汇报中给内容添加备注，防止遗漏掉比较重要的内容。进入 PPT，在编辑区下方选择"备注"命令，在备注栏中备注本页幻灯片比较重要的内容，如图 6.4.1。

图 6.4.1

接下来需要对备注进行设置，备注的内容是提醒自己观看，而观众看到的是没有备注内容的。按 **F5** 或者点击幻灯片放映按钮进入播放状态，进入播放状态时点击鼠标右键选择"显示演示者视图"命令，如图 **6.4.2**。

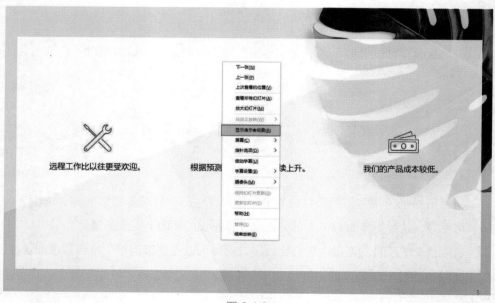

图 6.4.2

进入演示者视图后，我们可以看到之前设置的备注是自己可以看到的部分，而观众的视角是看不到备注内容的，如图 6.4.3。

图 6.4.3

接下来我们要进入预演状态，明确每张幻灯片放映的时间。选择功能区"幻灯片放映"选项卡中的"排练计时"命令，如图 6.4.4。

图 6.4.4

进入"排练计时"状态后，幻灯片会进行正常放映，并且在左上方显示放映的时间，如图 6.4.5。

图 6.4.5

在所有幻灯片播放完毕后，进入功能区"视图"选项卡中的"幻灯片浏览"命令，可以看到我们之前预演的幻灯片时间都会出现在视图列表中，如图 6.4.6。

图 6.4.6

在幻灯片放映时，如果需要对幻灯片内容进行标记，可以在幻灯片左下角中设置光标属性，如图 6.4.7 和图 6.4.8。

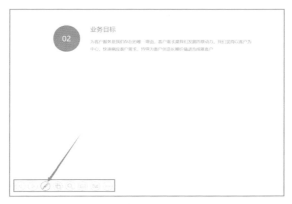

图 6.4.7

图 6.4.8

选择"荧光笔"工具后，可以在幻灯片上标记出需要重点关注的内容，如图 6.4.9。

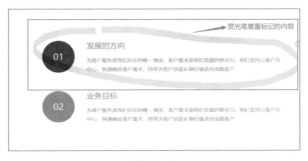

图 6.4.9

如果幻灯片上的内容有需要进行重点放大的部分，可以在放映阶段选择左下角的"放大镜功能"，如图 6.4.10。

图 6.4.10

进入放大镜模式后，会出现一个矩形透明框，可以根据需要对重点部分进行放大观看，如图 6.4.11。

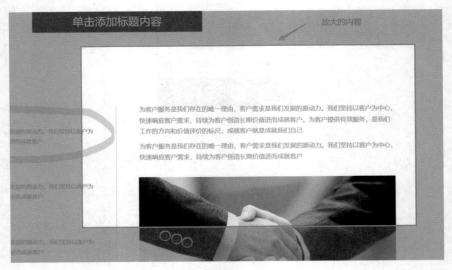

图 6.4.11

Part 4
PS 高效办公应用

第7章

PS 的基本功能与应用

7.1　图像的旋转、拉伸与裁剪

PS 中可以对图像进行多种操作，包括旋转、拉伸、扭曲、翻转、裁剪等。我们导入的素材必须保持一个合理的大小与方向。本节我们学习如何将图像进行旋转、拉伸与裁剪。

首先打开 PS 软件，点击"文件"命令下的"打开"命令，如图 7.1.1。

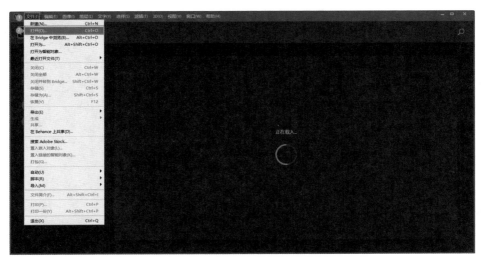

图 7.1.1

　　选择需要添加的图片素材，点击"打开"，如图 7.1.2。

图 7.1.2

　　选择图层中的"图像图层"，然后在功能区选择"图像"命令下的"图像旋转"命令，再选择图像旋转命令下的"逆时针 90 度"，如图 7.1.3。

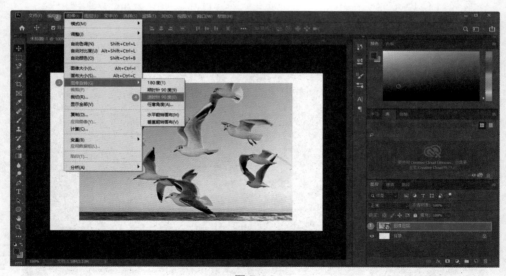

图 7.1.3

另外一种方式是自定义旋转，选中"图像图层"然后键盘按住"CARL+T"，图像会进入自定义变换状态，如图 7.1.4。

图 7.1.4

可以看到图形外框增加了 8 个节点，鼠标移动到边角节点可以随意控制图像旋转角度；鼠标移动到边线节点可以控制图像大小。变换完成后点击"Enter"键确认，如图 7.1.5。

图 7.1.5

在自定义变换模式中可以点击"自由变换与变形模式"命令进入图像变形模式，如图 7.1.6。

图 7.1.6

在图像变形模式中可以看到图像增加了变形控制线，移动控制线可以让图形完成拉伸、扭曲等操作，如图 7.1.7。

图 7.1.7

选择工具栏的"裁剪"命令可以让图像进入裁剪模式，如图 7.1.8。

图 7.1.8

进入裁剪模式后移动控制线可以完成图形的裁剪工作，如图 7.1.9。

图 7.1.9

完成裁剪后键盘按"Enter"键确认，如图 7.1.10。

图 7.1.10

7.2　图片色调的修正

我们知道一幅 RGB 图片是由红（R）、绿（G）、蓝（B）三个通道组成的，通道色彩信息量不均衡会造成图片色调不正常。色调的修正就是将不正常的通道色彩信息量进行修正。PS 中有很多调整色调的工具，对于轻微偏色的图片，可以使用"自动色调"工具进行快速调整；对于偏色严重的图片，可以使用"颜色取样器工具"取样后再利用"曲线工具"进行调整。

7.2.1　自动色调修正色调

选中"莲花"图片图层，键盘连续两次输入"Ctrl+J"，便完成连续两次复制原图层，如图 7.2.1。

选中"莲花 拷贝 2"图层，在功能区选择"图像"命令下的"自动色调"命令对图片进行色调修正，如图 7.2.2。

我们会发现自动色调调整后的图片明暗对比比较强烈，颜色色调会比较冷，如图 7.2.3。

图 7.2.1

图 7.2.2

图 7.2.3

选择"莲花 拷贝 2"图层前的眼睛，将该图层进行隐藏。然后选择"莲花 拷贝"图层，在功能区选择"图像"命令下的"自动颜色"命令，如图 7.2.4。

图 7.2.4

这样修正后的图片颜色色调会比较柔和，如图 7.2.5。

图 7.2.5

图片色调的修正是根据个人使用图片的用途进行调整，没有色调纠正那么严格，所以根据自己喜好设定色调的冷暖就可以。

7.2.2 曲线工具调整色调

RGB 三个通道中，红（R）通道的数值比绿（G）通道数值大 30 左右，绿（G）通道数值比蓝（B）通道数值大 10 左右。我们可以利用 PS 中的"颜色取样器"工具查看原图的 RGB 数值，然后利用"曲线工具"进行调整。

在工具栏中选择"颜色取样器工具"，如图 7.2.6。

图 7.2.6

将取样大小设定为"5×5 平均"，然后在人物正中位置取样，如图 7.2.7。

图 7.2.7

得到的取样结果如图 7.2.8。

图 7.2.8

选择功能区"图像"命令下的"调整"命令，在"调整"命令中选择"曲线"，如图 7.2.9。

图 7.2.9

进入曲线调整面板，在绿（G）通道中，按住"Ctrl"键选择"吸管工具"在取样点点一下，曲线中会出现一个点。将这个曲线点向上拉到合适的位置即可，如图 7.2.10。

图 7.2.10

同样，在蓝（B）通道中将曲线点拖拽到合适位置，如图 7.2.11。

图 7.2.11

调整后的两张人物像对比如图 7.2.12。

图 7.2.12

7.3　照片曝光过度与不足的处理

由于光线不足造成照片偏暗、偏黑的情况被称为曝光不足；光线过于充足造成照片偏亮、发白的情况被称为曝光过度。在 PS 中通过"色阶"工具和"曝光度"工具可以调整因曝光不足或过度造成的问题。

7.3.1　使用"色阶"工具调整曝光不足的照片

在图层面板中选择"背景"图层，键盘按"Ctrl+J"复制"背景"图层，如图 7.3.1。

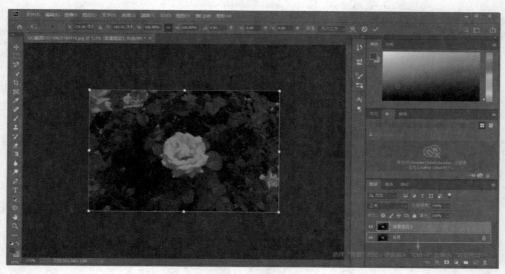

图 7.3.1

选中"背景 图层 1"，在图层面板中选择"滤色"模式，如图 7.3.2。

图 7.3.2

选择背景层，在功能区选择"图像"命令下的"调整"命令，在"调整"命令中选择"色阶"工具，如图 7.3.3。

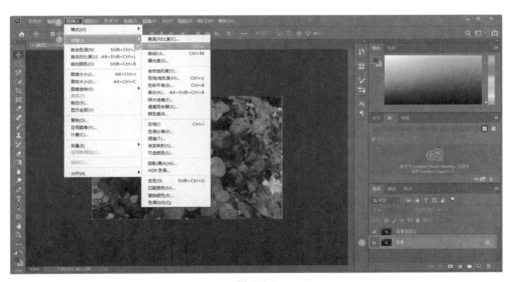

图 7.3.3

在色阶面板中通过调整色阶增加图片曝光度，如图 7.3.4。

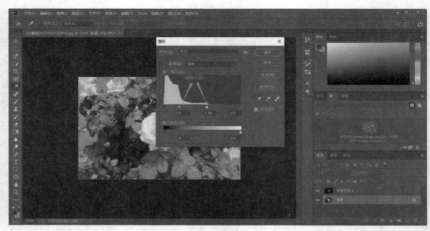

图 7.3.4

曝光过度的照片也可以通过上述的方法进行调整。

7.3.2 使用"曝光度"工具调整曝光不足的照片

选择"背景"图层，键盘按"Ctrl+J"复制"背景"图层，选择"背景 图层 1"在功能区选择"图像"命令下的"调整"命令，在"调整"命令中选择"曝光度"工具，如图 7.3.5。

图 7.3.5

在曝光度面板中，通过调整数值来调节图片的曝光度，如图 7.3.6。

图 7.3.6

曝光过度的照片也可以通过上述的方法进行调整。

7.4　图像的合成技巧

在 PS 中我们可以利用套索工具、魔棒工具，将人物图像抠出来放到其他的环境中。在选择人物画像时，最好选择背景比较单一、背景颜色与人物服装、肤色有明显差别的图像。

将人物图像以及背景添加到 PS 当中，然后隐藏背景图层，如图 7.4.1。

图 7.4.1

选择 "图片 .webp" 图层，点击鼠标右键，选择 "栅格化图层"，如图 7.4.2。

图 7.4.2

在右侧工具栏选择 "魔棒工具"，容差设定为 30，如图 7.4.3。

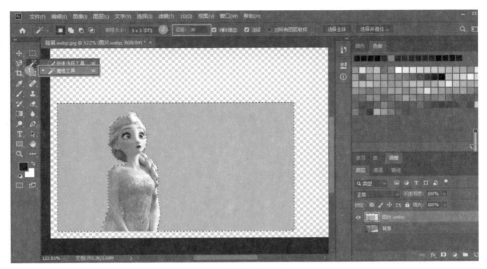

图 7.4.3

选择绿幕背景，然后键盘按"Delete"键就完成了人物的抠图，如图 7.4.4。

图 7.4.4

完成抠图后，选择"图片 .webp"图层，按"Ctrl+T"键调整人物的大小和方向，如图 7.4.5。

图 7.4.5

选择"背景"图层，在功能区选择"滤镜"中的"模糊"命令，在"模糊"命令中选择"高斯模糊"，如图 7.4.6。

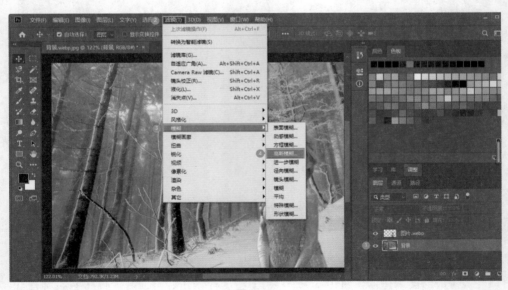

图 7.4.6

设定高斯模糊背景数值，使画面更加和谐，让人物更加突出，如图 7.4.7。

图 7.4.7

完成后选择"图片 .webp"图层，右键选择"合并可见图层"，如图 7.4.8。

图 7.4.8

最终效果如图 7.4.9。

图 7.4.9

7.5　人像的美化处理

PS 可以将人像进行后期美化处理，包括对人像进行磨皮的处理、画面色调的调整、人像表面的精修等操作。

首先将需要处理的人像导入 PS 中，如图 7.5.1。

图 7.5.1

通过图像分析可见，图像整体颜色偏暗偏红，需要对图像进行调色，首先键盘输入"Ctrl+J"复制"背景"图层，将图层更名为"原图"，如图 7.5.2。

图 7.5.2

选择"原图"图层面板下的"创建新的填充或调整图层"，选择"色相 / 饱和度"，如图 7.5.3。

图 7.5.3

调整"色相 / 饱和度"参数，提升图像亮度以及饱和度，如图 7.5.4。

图 7.5.4

键盘输入"Ctrl+J"复制调整图层，并且将不透明度降低到 30%，如图 7.5.5。

图 7.5.5

新建一个图层，并且键盘输入 "Ctrl+Alt+Shift+E" 盖印图层，命名为 "初修"，如图 7.5.6。

图 7.5.6

在左侧工具栏中选择 "修复画笔工具"，对人像较明显的斑点以及皱纹进行修复，如图 7.5.7。

图 7.5.7

　　键盘输入"Ctrl+J"复制当前图层，新图层命名为"值修复"，然后在功能区选择"滤镜"中的"杂色"命令，在"杂色"命令中选择"中间值"命令，如图 7.5.8。

图 7.5.8

　　将中间值设定为 4，选择"值修复"图层，键盘按"Alt+ 左键"，然后点击图层蒙版，给图像添加黑色蒙版，如图 7.5.9。

图 7.5.9

下一步再次选择蒙版，将颜色调整为白色，然后选择左侧工具栏中的"画笔工具"将人像的皮肤部分以及鼻子部分擦出来，如图 7.5.10。

图 7.5.10

新建图层，然后键盘输入"Alt+Ctrl+Shift+E"盖印"值修复"图层，如图 7.5.11。

图 7.5.11

在功能区中选择"滤镜"命令下的"模糊"命令，在"模糊"命令中选择"高斯模糊"，如图 7.5.12。

图 7.5.12

将半径值设定为 2，如图 7.5.13。

图 7.5.13

同样按照上一步操作步骤给图层添加蒙版，用"画笔工具"将皮肤与头发的衔接处、眼睛与鼻子之间、鼻子与嘴巴之间的衔接处进行涂抹，如图 7.5.14。

图 7.5.14

新建图层，然后键盘输入"Alt+Ctrl+Shift+E"盖印图层。

最终对比效果如图 7.5.15。

图 7.5.15

第8章

PS 高效办公实战

8.1　名片的设计与制作

职场中经常会用到名片，除了纸质名片以外还有一些精美的电子名片。我们可以使用 PS 设计与制作自己的专属名片，除了在名片中添加基本信息之外，还可以加上自己的创意设计，让名片更加美观。

首先新建一个文件，一般名片的尺寸是 90mm×40mm 或者 90mm×50mm，我们按照下图参数对文件进行创建即可，如图 8.1.1。

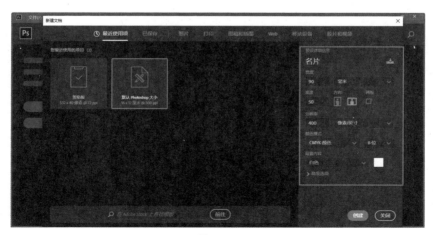

图 8.1.1

进入 PS 界面后，打开功能区"视图"命令下的"标尺"命令，如图 8.1.2。

图 8.1.2

鼠标在上标尺点击向下拖拽，拉出名片上边缘留出的 2mm，利用同样的方法将名片的另外三个边的边缘都留出 2mm，如图 8.1.3。

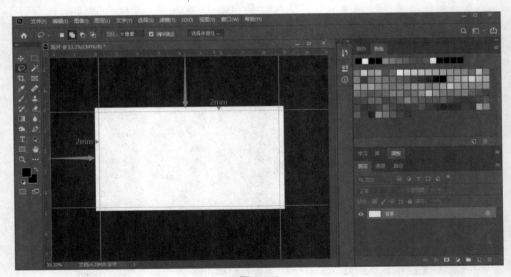

图 8.1.3

继续使用"标尺工具"定位公司名称的位置，如图 8.1.4。

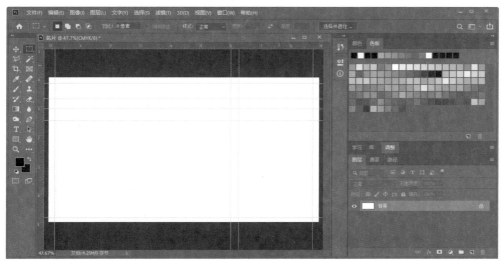

图 8.1.4

使用左侧工具栏中的"多边形套索工具"，做一个公司的托衬，如图 8.1.5。

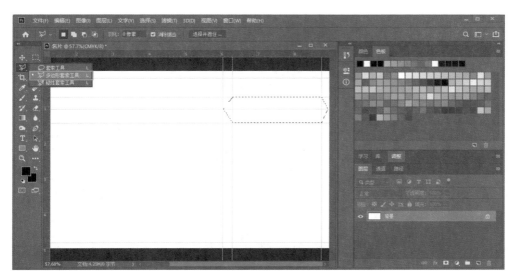

图 8.1.5

将前景色改为红色，键盘按"Alt+Delete"填充选区，如图 8.1.6。

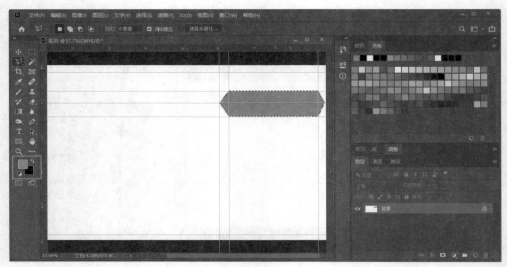

图 8.1.6

点击工具栏"横排文字工具"，在托衬上方输入公司名称，如图 8.1.7。

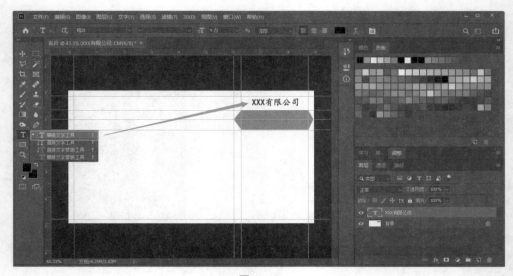

图 8.1.7

在名片左侧添加公司 LOGO，如图 8.1.8。

图 8.1.8

继续使用"文字工具"添加基本信息，如图 8.1.9。

图 8.1.9

还可以在背景层嵌入一些创意图片，在功能区"文件"命令下选择"置入嵌入对象"命令，如图 8.1.10。

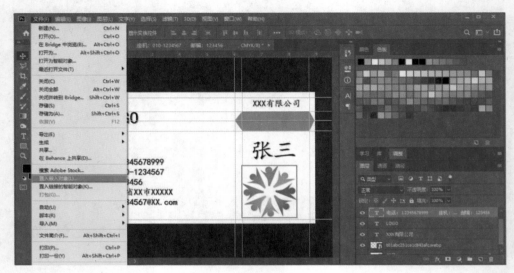

图 8.1.10

最终效果如图 8.1.11。

图 8.1.11

8.2　产品包装设计

精美的包装有助于产品的销售，本节我们学习如何使用 PS 对产品的外包装进行设计。

首先测量产品外包装的尺寸，然后在 PS 中新建文件。在工具栏使用"矩形工具"画出包装的底面，颜色选择绿色，输入"Alt+Delete"填充图形，如图 8.2.1。

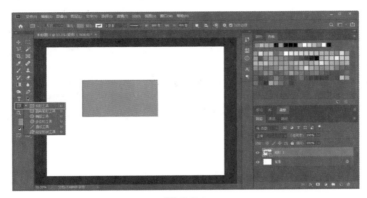

图 8.2.1

选择填充的图形，然后输入"Ctrl+T"将底面调整到合适的角度，如图 8.2.2。

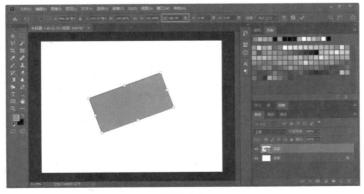

图 8.2.2

选择工具栏"矩形工具"绘制另外一个矩形作为产品的侧面。新建图层后将颜色改为浅绿色填充到侧面中，按"Ctrl+T"进入图形变化模式调整图形的角度，鼠标右键选择"斜切"将侧面完美契合到底面上，如图 8.2.3。

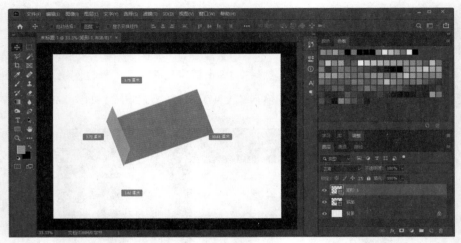

图 8.2.3

按照同样的方法制作盒子的正面与底面。正面的颜色可以浅一点，底面的颜色可以深一些，如图 8.2.4。

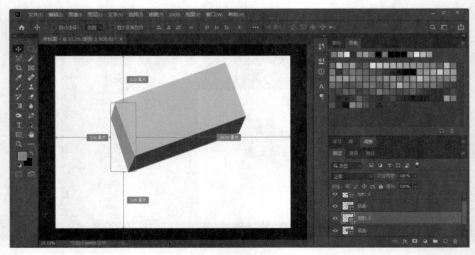

图 8.2.4

添加预设图片完成设计，如图 8.2.5。

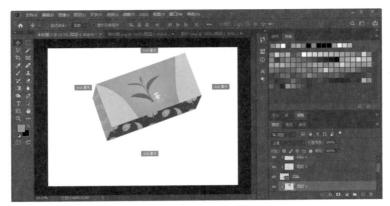

图 8.2.5

8.3 公司内刊的背景更换

公司内刊用于发布公司的内部信息，在内容不变的情况下我们可以使用 PS 进行更换背景的操作。

打开公司内刊图片，选择功能区"图像"功能下的"调整"命令，在"调整"命令中选择"替换颜色"命令，如图 8.3.1。

图 8.3.1

进入"替换颜色"选项卡，鼠标在原图中有背景颜色的地方点击，然后调整"色相"数值就可以直接更换颜色，如图 8.3.2。

图 8.3.2

双击背景图片，将背景变为图层。选择工具栏"魔棒工具"点击白色背景，将选中的白色背景选区删除，如图 8.3.3。

图 8.3.3

打开一张背景图片，将图片拖拽至内刊文件中。将新置"天空背景"图层放到"内刊"图层下，便完成了内刊的背景更换，如图 8.3.4。

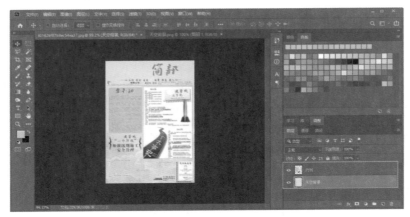

图 8.3.4

8.4　宣传海报的设计与制作

海报的设计在 PS 中经常会用到，合理地使用素材以及嵌入海报内容很重要。
首先新建海报画布，参数如图 8.4.1。

图 8.4.1

插入海报背景图片，如图 8.4.2。

图 8.4.2

在"图层 1"上添加图层蒙版，如图 8.4.3。

图 8.4.3

在工具栏中使用"渐变工具",将前景色改为红色,参数如下图 8.4.4。

图 8.4.4

工具栏选择"矩形选框工具"在图片中选出合适的区域,如图 8.4.5。

图 8.4.5

在图片上右键选择"描边",如图 8.4.6。

图 8.4.6

描边数值设置为 50 像素，粉色边框，如图 8.4.7。

图 8.4.7

使用工具栏中的"文字工具"完成文字的创意设计，可以加上公司 LOGO 等素材，如图 8.4.8。

图 8.4.8

Part 5
移动办公实用指南

第9章

移动办公 Office 功能解析

9.1 Word、Excel、PowerPoint 文件三合一

在移动端下载 Microsoft Office 软件，打开 Microsoft Office，点击右下角的"＋"号，如图 9.1.1。

进入添加列表中，根据需要进行文件的创建，如图 9.1.2。

图 9.1.1

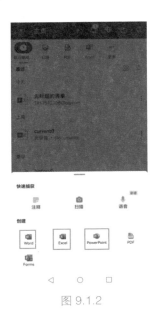

图 9.1.2

进入 Word 模式中可以选择以扫描文本、听写、空白文档、从模板创建的形式创建文件，如图 9.1.3。

进入 Excel 模式中可以选择以扫描表、空白工作簿、从模板创建的形式创建文件，如图 9.1.4。

进入 PowerPoint 模式中可以选择以选择图片、创建大纲（预览）、空白演示文稿、从模板创建的形式创建文件，如图 9.1.5。

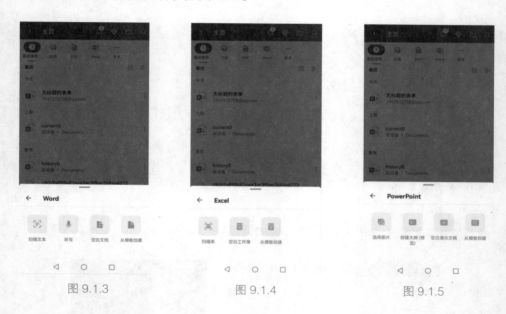

图 9.1.3　　　　　　　　　　图 9.1.4　　　　　　　　　　图 9.1.5

9.2　移动办公快速扫描录入

Microsoft Office 移动端可以通过手机扫描的形式对文件进行扫描录入。

打开 Microsoft Office 手机端，点击右下角的 "+" 号，如图 9.2.1。

然后，选择 "扫描" 命令，如图 9.2.2。

手机进入摄像模式，将需要进行扫描的文件进行拍照。拍照后，软件会自动进入剪切模式，将图片进行适当裁剪，如图 9.2.3。

图 9.2.1

图 9.2.2

图 9.2.3

裁剪结束后可以对图形进行添加、剪切、旋转、删除等操作，如图 9.2.4。

在屏幕右上角进入"选项"模式，可以对文件进行不同格式的保存，也可以选择保存的位置，如图 9.2.5。

图 9.2.4

图 9.2.5

9.3　不同格式分享

在移动端可以将文件进行分享，我们可以根据文件实际应用的情况调整分享的格式。

打开 Microsoft Office 手机端，在主页中选择文件后面的分享键，进入"分享"选项卡后选择"共享"命令，如图 9.3.1 和图 9.3.2。

图 9.3.1

图 9.3.2

在"分享"选项卡中可以根据需要进行不同格式和路径的分享。

9.4　快速解压压缩文件

移动端接收压缩文件后如果无法解压，大部分是因为手机没有安装解压软件造成的。在应用商店中搜索"解压"，然后下载解压软件并安装，如图 9.4.1。

进入解压软件，选择需要进行解压的压缩包进行解压，如图 9.4.2。

解压完成后，直接打开解压后的文件夹即可，如图 9.4.3。

图 9.4.1

图 9.4.2

图 9.4.3

第10章

巧用移动办公 Office

10.1 邮件的收取与发送

当我们没有在电脑旁边又需要随时收取与发送邮件时，可以在移动端设置邮箱。

进入移动端"邮箱"软件，进入"Outlook"邮箱设置模式。输入邮箱账号，如图 10.1.1。

输入账号密码后，需要进行授权确认，如图 10.1.2。

图 10.1.1   图 10.1.2

进入邮箱收件箱，我们可以在此列表接收邮件信息，如图 10.1.3。

选择右下角的"+"号，可以进入邮箱编辑模式。我们可以在此处编辑新邮件并发送，如图 10.1.4。

图 10.1.3　　　　　　　　　　　　图 10.1.4

10.2　PDF、Word、Excel、PPT 文件的快速转换

我们知道 Word、Excel 文件适用于编辑，PPT 文件适合播放演示，PDF 文件适合分享与传播。那么，在移动端如何切换这几种模式呢？

进入手机端 Microsoft Office 软件，选择右下角的"操作"命令，如图 10.2.1。

进入操作界面后，可以看到系统会提供给 PDF 签名、扫描到 PDF、图片到 PDF、文档到 PDF 等功能，如图 10.2.2。

图 10.2.1

图 10.2.2